浙江省高职院校"十四五"重点教材

高等职业教育建筑产业化系列教材

BIM 建模应用基础

主　　编　　陈永高　　翁窈瑶

副主编　　周立强　　张喜娥

　　　　　　罗烨钶　　黄永刚

科学出版社

北　京

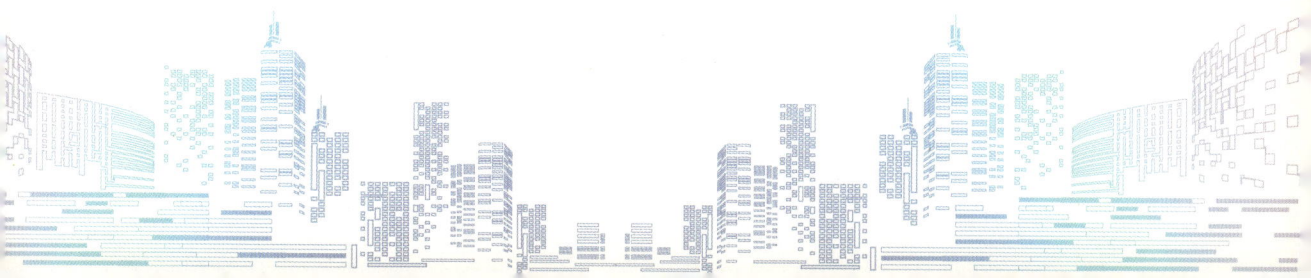

内 容 简 介

本书从 BIM 教育培训的角度出发，依据"1+X"建筑信息模型（BIM）职业技能等级考核办法，结合职业技能等级——初级 BIM 建模要求，借助主流建模软件 Revit，介绍 BIM 建模方法与技巧。

本书共分为五个项目，包括 BIM 基础知识、建筑信息模型创建、族、概念体量和 BIM 成果输出。书中结合工程图纸向读者展示建模流程，讲解演示建模理论与实际操作，内容涵盖面广，实用性强，使读者能够掌握 Revit 软件建模的基本技能与应用技巧。

本书可作为土木建筑类相关专业的教材，也可作为建筑相关从业技术人员的参考用书。

图书在版编目（CIP）数据

BIM建模应用基础 / 陈永高，翁窈瑶主编.—北京：科学出版社，2023.3
（浙江省高职院校"十四五"重点教材·高等职业教育建筑产业化系列教材）
ISBN 978-7-03-074762-4

Ⅰ.①B… Ⅱ.①陈… ②翁… Ⅲ.①建筑设计-计算机辅助设计-应用软件-高等职业教育-教材 Ⅳ.①TU201.4

中国国家版本馆CIP数据核字（2023）第022235号

责任编辑：万瑞达 / 责任校对：王万红
责任印制：吕春珉 / 封面设计：曹 来

科学出版社出版
北京东黄城根北街 16 号
邮政编码：100717
http://www.sciencep.com
三河市骏杰印刷有限公司印刷
科学出版社发行 各地新华书店经销
*
2023 年 3 月第 一 版 开本：787×1092 1/16
2023 年 3 月第一次印刷 印张：9 1/2
字数：223 000
定价：49.00 元
（如有印装质量问题，我社负责调换〈骏杰〉）
销售部电话 010-62136230 编辑部电话 010-62130874（VA03）

前 言

党的二十大报告指出，"实施产业基础再造工程和重大技术装备攻关工程，支持专精特新企业发展，推动制造业高端化、智能化、绿色化发展。"目前，建筑业对于BIM技术的认知基本普及，BIM技术的应用也越来越受到重视。2022年1月，住房和城乡建设部发布《关于印发"十四五"建筑业发展规划的通知》，明确提出加大力度推进智能建造与BIM技术在建筑业的深度应用，进一步提升产业链现代化水平。同时强调要加快推进建筑信息模型（BIM）技术在工程全寿命期的集成应用，健全数据交互和安全标准，强化设计、生产、施工各环节数字化协同，推动工程建设全过程数字化成果交付和应用。

随着国内高校对BIM教学逐渐重视，对所使用教材的要求也逐渐提高。本书依据"1+X"建筑信息模型（BIM）职业技能等级考核办法，结合职业技能等级要求，总结多年培训与实践教学经验，从实际应用操作的角度出发，介绍BIM建模方法与技巧，以满足BIM技术人才培养与软件教学培训的要求。

本书按照"以学生为中心，职业能力为本位，学习成果为导向，促进自主学习"思路进行开发设计，教学内容以实际工作内容为基础，使课程内容更加趋于实效化，实现"做中学"的教学理念，应用性较强，使学生能够通过学习，真正掌握BIM软件的使用技能与技巧，以适应新业态、职业和岗位要求。

本书由浙江工业职业技术学院陈永高、翁窈瑶、周立强、张喜娥、罗烨铜以及浙江永宁工程管理有限公司黄永刚共同编写。具体编写分工如下：陈永高、翁窈瑶负责编写项目二、项目五，周立强、罗烨铜负责编写项目三、项目四，张喜娥、黄永刚负责编写项目一、习题及图纸资料的整理。全书由周立强、翁窈瑶统一制作模型与图纸，由陈永高统稿。本书在编写过程中，借鉴和参考了大量文献资料，在此向这些文献资料的作者致以诚挚的感谢。

本书嵌入了二维码，通过扫描即可观看相关知识点的微课视频，另有与教材配套的模型以及图纸资源等（可登录www.abook.cn网站，搜索本书进行下载），以方便学生学习。

由于编者水平有限，书中难免存在不足之处，恳请各位读者不吝赐教。

编 者

2022年12月

目 录

CONTENTS

项目1　BIM基础知识 ·· 001

　　任务1.1　了解BIM基础知识 ··· 002

　　　　1.1.1　BIM概述 ·· 002

　　　　1.1.2　BIM的特点 ·· 002

　　任务1.2　认识Revit软件 ·· 003

　　　　1.2.1　Autodesk Revit简介 ··· 003

　　　　1.2.2　Revit基本术语 ··· 004

　　任务1.3　Revit软件基本操作 ·· 005

　　　　1.3.1　Revit基本界面简介 ·· 005

　　　　1.3.2　Revit基本操作 ··· 010

　　项目拓展 ··· 012

　　习题 ··· 014

项目2　建筑信息模型创建 ·· 016

　　任务2.1　新建项目文件 ·· 017

　　　　2.1.1　新建文件 ·· 017

　　　　2.1.2　项目设置与保存 ·· 017

　　任务2.2　创建标高、轴网及平面视图 ·· 019

　　　　2.2.1　创建标高 ·· 019

　　　　2.2.2　创建轴网 ·· 022

　　　　2.2.3　创建平面视图 ·· 024

任务2.3 创建一层墙体 ··· 025

2.3.1 墙体类型 ··· 025

2.3.2 创建一层墙体 ··· 029

任务2.4 绘制一层门、窗、楼板 ··· 032

2.4.1 绘制一层门 ·· 032

2.4.2 绘制一层窗 ·· 034

2.4.3 绘制一层楼板 ·· 035

任务2.5 创建其他楼层墙体、门窗、楼板 ·· 037

2.5.1 创建二层墙体、门窗 ·· 037

2.5.2 创建二层楼板 ·· 040

2.5.3 创建三层墙体、门窗、楼板 ·· 041

任务2.6 创建屋顶 ··· 042

2.6.1 多坡屋顶 ··· 042

2.6.2 拉伸屋顶 ··· 044

任务2.7 创建幕墙 ··· 047

任务2.8 创建楼梯、洞口、栏杆扶手、台阶 ·· 048

2.8.1 楼梯 ··· 048

2.8.2 洞口 ··· 051

2.8.3 栏杆扶手 ··· 052

2.8.4 台阶 ··· 053

任务2.9 创建柱、坡道、散水、雨棚 ··· 056

2.9.1 柱 ·· 056

2.9.2 坡道 ··· 058

2.9.3 散水 ··· 059

2.9.4 雨棚 ··· 063

任务2.10 创建场地 ··· 066

2.10.1 地形表面 ·· 066

2.10.2 建筑地坪 ·· 069

2.10.3　地形子面域 ··· 070

2.10.4　场地构件 ·· 071

项目拓展 ·· 071

习题 ··· 073

项目3　族 ·· 075

任务3.1　了解族的基本知识 ·· 076

3.1.1　族简介 ·· 076

3.1.2　族的相关知识 ·· 079

任务3.2　族的创建 ··· 079

3.2.1　族文件的创建与使用 ·· 079

3.2.2　创建族形体的基本方法 ·· 082

任务3.3　族参数的应用 ··· 090

3.3.1　参数化设计简介 ·· 090

3.3.2　族参数的应用 ·· 091

项目拓展 ·· 096

习题 ··· 097

项目4　概念体量 ·· 101

任务4.1　学习概念体量的基本知识 ·· 102

4.1.1　概念体量简介 ·· 102

4.1.2　概念体量的工作平面 ·· 102

任务4.2　概念体量的创建、编辑及体量的面模型 ·· 104

4.2.1　概念体量的创建 ·· 104

4.2.2　概念体量的编辑 ·· 109

4.2.3　体量的面模型 ·· 116

项目拓展 ·· 122

习题 ··· 123

项目5　BIM成果输出 ·· 127

　　任务5.1　图纸管理 ··· 128

　　　　5.1.1　标记与注释 ··· 128

　　　　5.1.2　创建图纸 ··· 129

　　任务5.2　创建明细表 ··· 132

　　任务5.3　渲染与漫游 ··· 134

　　　　5.3.1　渲染 ··· 134

　　　　5.3.2　漫游 ··· 135

　　项目拓展 ··· 137

　　习题 ··· 138

参考文献 ··· 141

项目 1

BIM 基础知识

项目完成目标

知识目标

了解 BIM 的概念及 BIM 技术的特点、优势和价值，了解建筑信息模型的相关标准，掌握 BIM 建模的软件及其基本操作方法。

能力目标

具备执行国家建筑信息模型的相关标准的能力。

素质目标

树立端正的学习态度，培养规范操作的职业习惯，具备开拓创新的职业精神。

项目分析说明

建筑信息模型（building information modeling，BIM）是建筑学及土木工程等领域的新工具。本项目依据"1+X"BIM 职业技能等级考核办法、职业技能等级——初级 BIM 建模要求以及职业技能要求介绍 BIM 基础知识。其中，Revit 系列软件是由 Autodesk 公司针对建筑设计行业开发的三维参数化设计软件平台，是目前较流行的 BIM 建模工具之一。

任务 1.1　了解 BIM 基础知识

1.1.1　BIM 概述

　　BIM 由 Autodesk 公司在 2002 年率先提出，已经在全球范围内得到业界的广泛认可。BIM 可以帮助实现建筑信息的集成，从建筑的设计、施工、运行直至建筑全寿命周期的终结，各种信息始终整合于一个三维模型信息数据库中，设计团队、施工单位、设施运营部门和业主等各方人员可以基于 BIM 进行协同工作，可以有效提高工作效率、节省资源、降低成本，以实现可持续发展。

　　BIM 是一种应用于工程设计、建造、管理的数据化工具，通过对建筑的数据化、信息化模型整合，在项目策划、运行和维护的全生命周期过程中进行共享和传递，使工程技术人员对各种建筑信息做出正确理解和高效应对，为设计团队以及包括建筑、运营单位在内的各方建设主体提供协同工作的基础，在提高生产效率、节约成本和缩短工期方面发挥重要作用。

　　《建筑信息模型应用统一标准》（GB/T 51212—2016）对 BIM 的定义为：在建设工程及设施全生命期内，对其物理和功能特性进行数字化表达，并依此设计、施工、运营的过程和结果的总称。BIM 的核心是通过建立虚拟的建筑工程三维模型，利用数字化技术，为这个模型提供完整的、与实际情况一致的建筑工程信息库。该信息库不仅包含描述建筑物构件的几何信息、专业属性及状态信息，还包含非构件对象（如空间、运动行为）的状态信息。借助该包含建筑工程信息的三维模型，可以大大提高建筑工程的信息集成化程度，从而为建筑工程项目的相关利益方提供一个工程信息交换和共享的平台。

1.1.2　BIM 的特点

　　BIM 具备以下特点：

　　1）可视化。BIM 提供了可视化的思路，让人们将以往的线条式的构件形成一种三维的立体实物图形进行展示。在 BIM 建筑信息模型中，由于整个过程都是可视化的，因此可视化的结果不仅可以用效果图展示及报表生成，更重要的是，项目设计、建造、运营过程中的沟通、讨论、决策都在可视化的状态下进行。

　　2）协调性。BIM 的协调性服务可以用于解决各专业间的碰撞问题，也可以解决如电梯井布置与其他设计布置及净空要求的协调、防火分区与其他设计布置的协调、地下排水布置与其他设计布置的协调等。

　　3）模拟性。模拟性并不是只能模拟设计出的建筑物模型，还可以模拟不能在现实空间中进行操作的事物。例如，利用 4D 模拟（三维模型加项目的发展时间）出根据施工组织设计的实际施工，从而确定合理的施工方案，以指导施工。利用 5D 模拟（基于

4D 模型加造价控制）实现成本控制等。

4）优化性。BIM 技术提供了建筑物的实际存在信息，包括几何信息、物理信息、规则信息，还提供了建筑物变化以后的实际存在信息。因此，BIM 及与其配套的各种优化工具提供了对复杂项目进行优化的可能。

5）可出图性。BIM 技术不仅能绘制常规的建筑设计图纸及构件加工的图纸，还能对建筑物进行可视化展示、协调、模拟、优化，并出具各专业图纸及深化图纸，使工程表达更加详细。

6）一体化。基于 BIM 技术可进行从设计到施工再到运营，贯穿于工程项目全生命周期的一体化管理。BIM 的技术核心是一个由计算机三维模型所形成的数据库，不仅包含了建筑的设计信息，而且可以容纳从设计到建成使用，甚至是使用周期终结的全过程信息。

任务 1.2　认识 Revit 软件

常用的 BIM 建模软件有 Autodesk 公司的 Revit 建筑、结构和机电系列，Bentley 建筑、结构和设备系列；Nemetschek 的 ArchiCAD 等。在我国应用比较广泛的 BIM 建模软件是 Autodesk Revit 系列。

1.2.1　Autodesk Revit 简介

Revit 是 Autodesk 公司的一套系列软件的名称，它是 Autodesk 公司为 BIM 量身打造的，其集成了模型信息和建筑行为信息，且具有一致性和可计算性，目前已经成为国内使用最广泛的三维参数化建筑软件。Revit 软件可帮助建筑设计师设计、建造和维护质量更好、能效更高的建筑，它结合了 AutodeskRevit Architecture、Autodesk Revit MEP 和 Autodesk Revit Structure 软件的功能。

Autodesk Revit 软件基于 BIM 理念的功能特点介绍如下。

1）具有可视化功能：能够把不同专业的模型结合在一起，组合成完整的可视化三维模型。

2）二维视图和三维视图轻松转换：Revit 软件将三维立体模型与平立剖面图紧密关联，可以随意切换二维视图和三维视图，从不同视角分析模型，使绘制的图形与设计理念保持一致。

3）深化设计：Revit 可以对建筑信息进行集成管理，能够存储建筑的各种构件信息，反映真实的物理属性。

4）视图的自动更新：Revit 软件具有提供修改参数技术的参数化引擎，能够实现各视图之间的自动变更。也就是说，当模型发生变化后，与之相关的其他视图就会自动更新，包括材料明细表、视图图纸等。

5）基本图元可重复利用：Revit 软件自带丰富的族库，还为使用者提供了自定义模型构件功能，可以根据实际项目需要个性化地创建一些新的族模型。

1.2.2 Revit 基本术语

1. 项目文件

在 Revit 中，项目是单个设计信息数据库。Revit 中的所有设计信息都被存储在一个扩展名为".rvt"的项目文件中，以便于修改设计和项目管理。这些信息包括用于设计模型的构件、项目视图和设计图纸等。

2. 样板文件

在 Revit 中新建项目时，需要先选择一个扩展名为 .rte 的样板文件作为项目的初始条件。Revit 的样板文件与 CAD 的样板文件类似，文件中定义了新建项目中默认的初始参数，如度量单位、线型设置、显示设置等。Revit 允许用户自定义样板文件的内容，并保存为新的 .rte 文件。

同样，在 Revit 中新建族时，也需要先选择族样板文件，不同的族样板文件设置了不同的族类型、基本参数类型等。族样板文件的扩展名为 .rft。

3. 族

在 Revit 中，族是构成项目的构件，是参数信息的载体。族是一个包含通用属性（称为参数）集和相关图形表示的图元组，族文件的扩展名为".rfa"。

（1）族、族类型及图元关系

在 Revit 中进行设计时，基本的图形单元被称为图元，如在项目中建立的墙、门、窗、尺寸标注等都被称为图元。所有这些图元都是使用"族"来创建的。每一个族都具备一个或多个类型，不同的类型有不同的属性值，族中的成员几何图形相似而尺寸不同。例如，窗族"固定窗"包含 1000×1200、1200×1500 等几种不同的类型。Revit 按照类别、族和类型对图元进行分类，如图 1.1 所示。

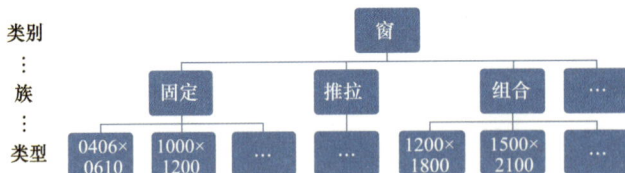

图 1.1 图元分类

（2）族分类

Revit 中的族主要分为三类：可载入族、系统族、内建族。

1）可载入族：可以通过族样板创建，并保存为独立的扩展名为 .rfa 格式的文件，方便与其他项目共享使用，如门、窗等构件。在安装 Revit 软件时，其会提供一个可载入族库。

2）系统族：系统族是在 Autodesk Revit 中预定义的族，如墙、楼板等。系统族不能作为外部文件载入或创建，但可以复制和修改现有系统族。

3）内建族：在项目环境下创建的自定义图元被称为内建族。它与可载入族的不同之处在于，内建族只能存储在当前的项目文件里，不能单独存成 .rfa 文件，也不能用在其他项目文件里。创建内建族时，可以选择类别，从而决定构件在项目中的外观和显示控制。

任务 1.3 Revit 软件基本操作

1.3.1 Revit 基本界面简介

打开 Revit 2016 软件，系统会出现如图 1.2 所示的界面。

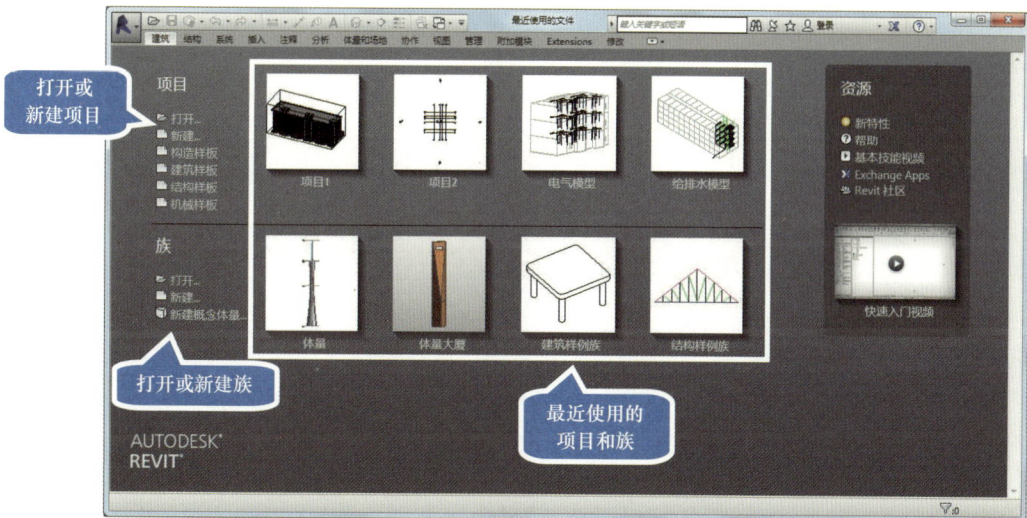

Revit 用户界面

图 1.2 Revit 开始界面

选择"项目"→"新建"命令，系统会弹出"新建项目"对话框（图 1.3）。可以在"样板文件"选项组下拉列表中选择对应的样板文件，也可以单击"浏览"按钮选择其他所需的样板文件。在"新建"选项组中，选中"项目"单选按钮，单击"确定"按钮，即可创建一个新的项目文件，并打开 Revit 2016 的工作界面（图 1.4）。

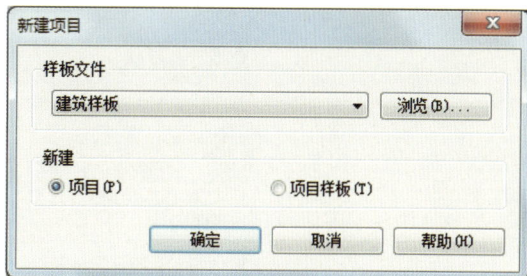

图 1.3 "新建项目"对话框

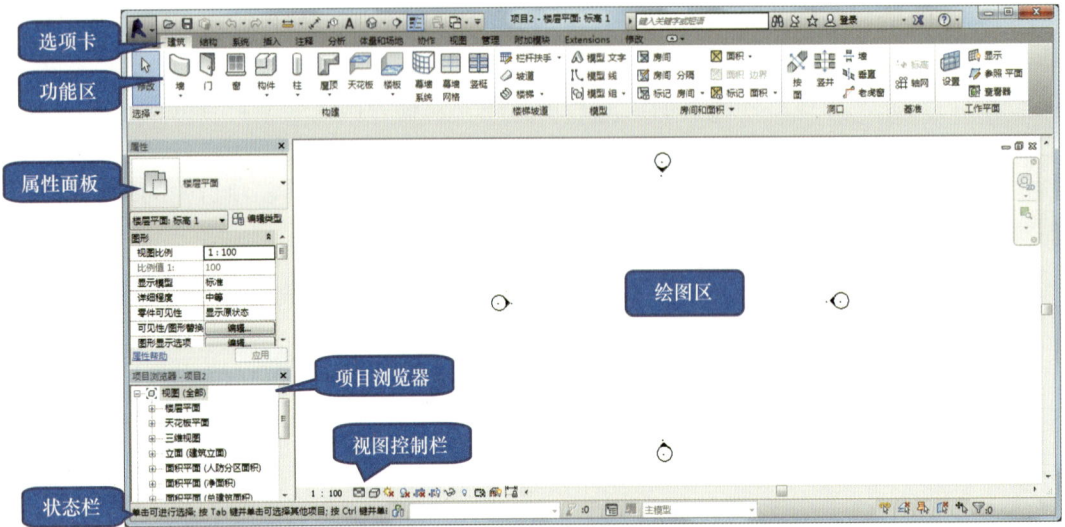

选项卡

功能区

属性面板

绘图区

项目浏览器

视图控制栏

状态栏

图 1.4　Revit 工作界面

1. 应用程序菜单

应用程序菜单提供了常用的文件操作命令（图 1.5），如"新建""打开""保存""另存为""导出""打印""关闭"等。

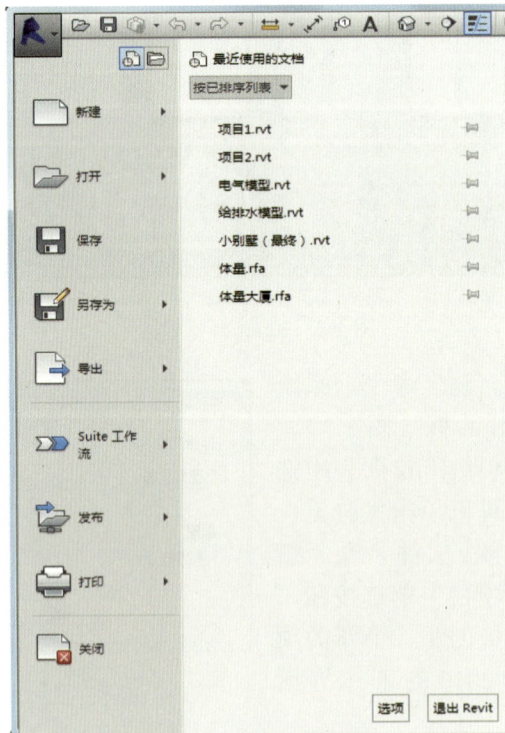

最近使用的文档

按已排序列表

新建

打开

保存

另存为

导出

Suite 工作流

发布

打印

关闭

项目1.rvt
项目2.rvt
电气模型.rvt
给排水模型.rvt
小别墅（最终）.rvt
体量.rfa
体量大厦.rfa

选项　退出 Revit

图 1.5　应用程序菜单

单击应用程序菜单中的"选项"按钮，可弹出"选项"对话框（图 1.6）。其中，"常规"选项卡主要用于设置保存提醒间隔、用户名、日志文件清理等相关内容；"用户界面"选项卡主要用于配置工具和分析、设置快捷键等；"图形"选项卡主要用于设置图形模式、背景颜色、临时尺寸标注、文字外观等；"文件位置"选项卡主要用于设置项目样板文件路径、族样板文件路径、用户文件默认路径等。

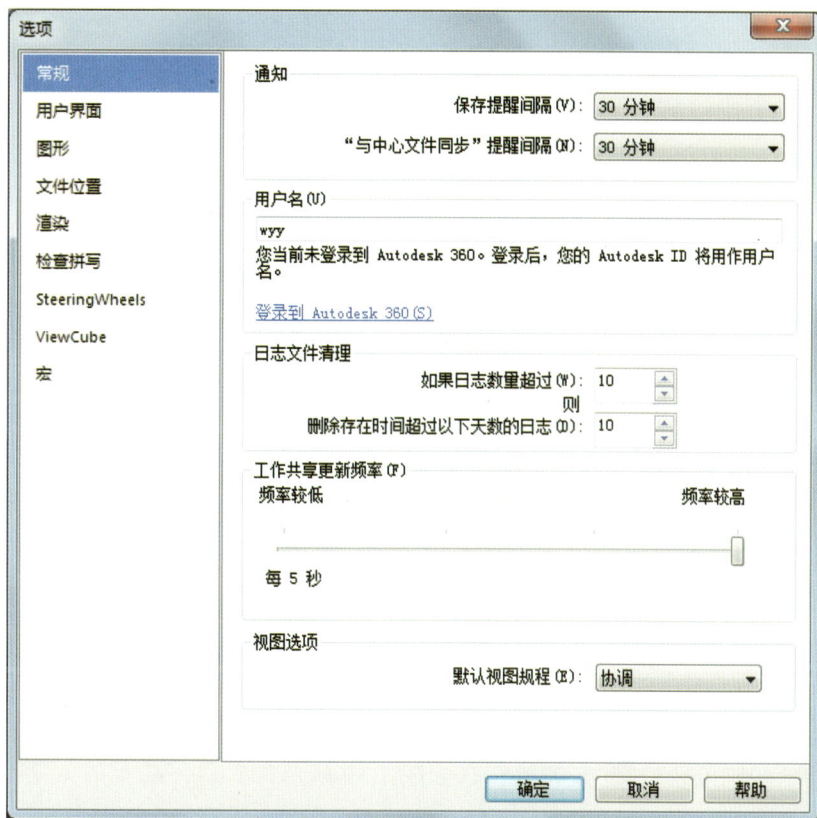

图 1.6　"选项"对话框

2. 快速访问工具栏

快速访问工具栏包含一组常用的工具，如图 1.7 所示，依次为"打开""保存""同步""并修改设置""放弃""重做""测量两个参照之间的距离""对齐尺寸标注""按类别标记""文字""默认三维视图""剖面""粗细线""关闭隐藏窗口""切换窗口""自定义快速访问工具栏"。

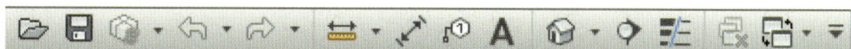

图 1.7　快速访问工具栏

用户可以通过单击"自定义快速访问工具栏"按钮打开下拉菜单（图 1.8），自行设置快速访问工具栏，并选择其显示在功能区的上方或下方。

图 1.8 "自定义快速访问工具栏"下拉菜单

3．选项卡及功能区

Revit 在创建或打开文件时会显示功能区。功能区提供创建项目或族所需要的工具，包括"建筑""结构""系统""插入"等选项卡。在选择图元或使用工具操作时，会出现与该操作相关的上下文选项卡。在多数情况下，上下文选项卡与"修改"选项卡合并在一起，如图 1.9 所示。退出该工具或清除选择时，上下文选项卡会关闭。功能区选项卡的显示控制可通过 按钮执行，如图 1.10 所示。

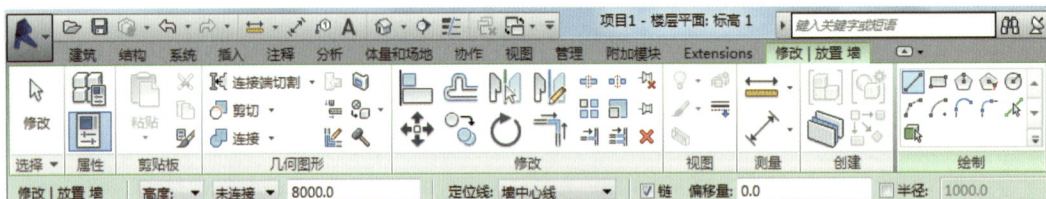

图 1.9 上下文选项卡

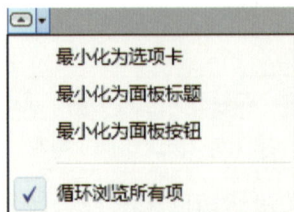

图 1.10 功能区显示控制

4．属性面板

通过属性面板（图 1.11）可以对选择对象的各类参数和信息进行查看和修改。

用户可以通过以下三种方式打开和关闭属性面板：

1）选择"视图"选项卡→"窗口"面板，在"用户界面"下拉列表中选择"属性"命令。

2）按 Ctrl+1 组合键。

3）在绘图区域任意位置右击，在弹出的快捷菜单中选择"属性"命令。

5．项目浏览器

项目浏览器（图 1.12）管理整个项目中涉及的视图、明细表、图纸、族、组和其他对象。项目浏览器呈树状结构，各层级可展开或折叠。双击名称即可打开视图，选择视图名称，右击即可找到"复制""重命名""删除"等相关命令。

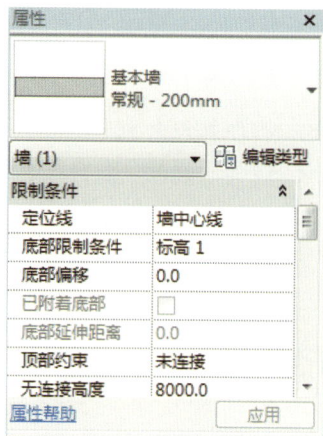

图 1.11　属性面板

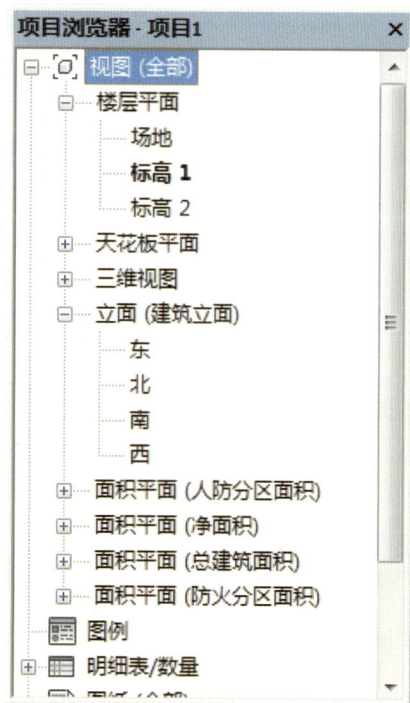

图 1.12　项目浏览器

用户可以通过两种方式打开或关闭项目浏览器：

1）选择"视图"选项卡→"窗口"面板，在"用户界面"下拉列表中选择"项目浏览器"命令。

2）在绘图区域任意位置右击，在弹出的快捷菜单中选择"浏览器"→"项目浏览器"命令。

6．视图控制栏

视图控制栏（图 1.13）用于设置视图的比例、详细程度、视觉样式、日光路径、阴影、裁剪、隐藏 / 隔离等内容。

1：100

图 1.13　视图控制栏

1.3.2　Revit 基本操作

Revit 基本操作

1．视图控制

在 Revit 中，各个视图可以通过项目浏览器进行快速切换，软件同时提供了多种视图导航和控制工具，包括鼠标、ViewCube、导航控制盘、视图控制栏等，可对视图进行放大、缩小、平移、旋转等操作。例如，用户可以利用鼠标滚轮的前后移动来控制当前视图的放大或缩小；按住鼠标滚轮不放，可上下左右平移视图。在三维视图中，同时按住 Shift 键和鼠标滚轮，左右移动光标，可以旋转视图中的模型。

在二维视图中，单击绘图区右上角的"控制盘"按钮，即可出现二维导航控制盘 [图 1.14（a）]，该按钮具有以下选项功能。

1）平移：通过平移重新放置当前视图。

2）缩放：调整当前视图的比例。

3）回放：恢复上一视图方向。可以通过单击并向左或向右拖动来向后或向前移动。

在三维视图中，单击绘图区右上角的"控制盘"按钮，即可出现全导航控制盘 [图 1.14（b）]。移动光标，将鼠标指针放置到"缩放"按钮上，该按钮会绿色高亮显示，按住鼠标左键，控制盘随即消失，视图中会出现绿色球形图标，上下左右移动鼠标，可实现视图的缩放。松开鼠标左键，控制盘即可恢复。同理，全导航控制盘还可实现视图的平移、动态观察、缩放、回放、中心、漫游、环视、向上 / 向下等功能。

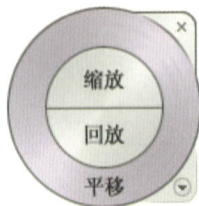

（a）二维导航控制盘　　　　　（b）全导航控制盘

图 1.14　导航控制盘

在二维和三维视图中，"控制盘"按钮下面均有一个"区域缩放"按钮。单击"区域缩放"按钮的下拉三角按钮（图1.15），可以选择不同的缩放操作命令。

在三维视图中，绘图区右上角会出现 ViewCube 工具（图1.16）。在 ViewCube 立方体中，各顶点、边、面和指南针的指示方向代表三维视图中不同的视点方向，用户单击或拖动立方体和指南针的各部位，可以切换显示各方向视图、滚动当前视图或更改为模型的主视图。按住 ViewCube 或指南针上的任意位置并拖动鼠标，可以旋转视图。

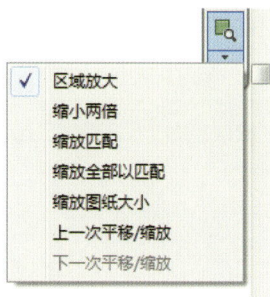

图 1.15   缩放控制

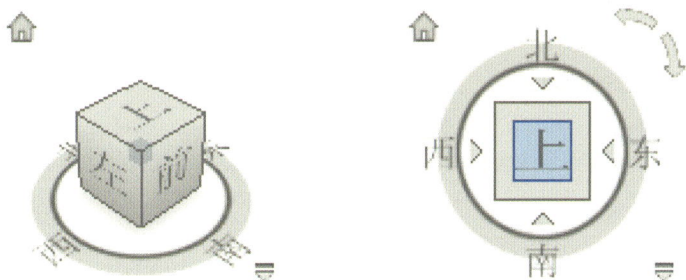

图 1.16   ViewCube

2. 图元选择

（1）点选

用鼠标左键单击图元即可选中一个目标图元。

按住 Ctrl 键，光标将带有"+"符号，此时单击图元可以增加选中图元；按住 Shift 键，光标将带有"−"符号，此时单击图元可以将图元从选择集中删除。

（2）框选

按住鼠标左键，在视图区域从左向右拉框，会出现一个实线选择框，只有被实线选择框完全包围的图元才能被选中。

按住鼠标左键，在视图区域从右向左拉框，会出现一个虚线选择框，与虚线选择框相交或包含在内的图元都将被选中。

（3）按类型选择

选中某一个图元，右击，在弹出的快捷菜单中选择"选择全部实例"→"在视图中可见"或"在整个项目中"命令，即可在当前视图或整个项目中选中相同类型的图元。

（4）滤选

选中多个图元，单击上下文选项卡→"选择"面板中的"过滤器"按钮，或单击窗口右下角的"过滤器"按钮，即可弹出"过滤器"对话框（图1.17）。在该对话框中勾选需要选中的图元，单击"确定"按钮，即可选中相应的图元。

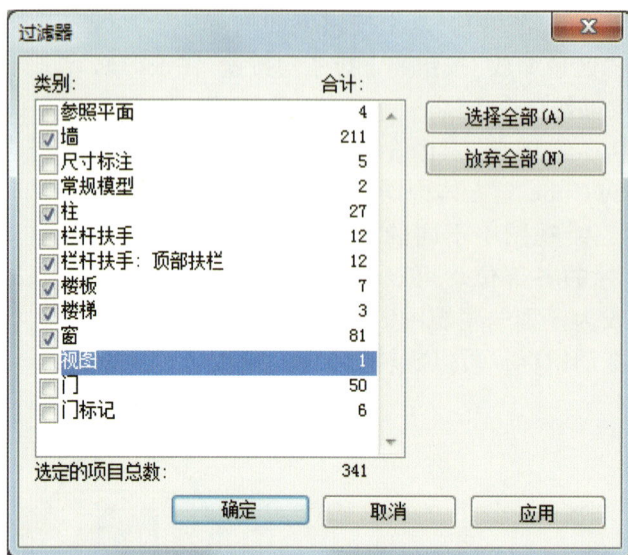

图 1.17 "过滤器"对话框

3. 图元编辑

Revit 在"修改"选项卡中提供了多个图元修改和编辑工具，包括对齐、偏移、移动、复制、旋转、阵列、镜像等。

1）对齐：将一个或多个图元与选中图元对齐。

2）偏移：对选中模型线、详图线、墙或梁沿与其长度垂直的方向复制或移动指定的距离。

3）移动：移动一个或多个选中图元。

4）复制：复制一个或多个选中图元

5）旋转：使图元围绕轴旋转。

6）阵列：创建按指定方式排列的多个图元，阵列的图元可以沿一条线（线性阵列），也可以沿一个弧形（半径阵列）。

7）镜像：使用一条线作为镜像轴，反转选中模型图元的位置。

项目拓展

1. 项目样板文件的储存位置

打开 Revit 软件后，单击界面左上方的"应用程序菜单"按钮，再单击"选项"按钮，在弹出的"选项"对话框中选择"文件位置"选项，会出现构造样板、建筑样板等文件的默认储存位置（图 1.18），用户可以根据需要进行修改。

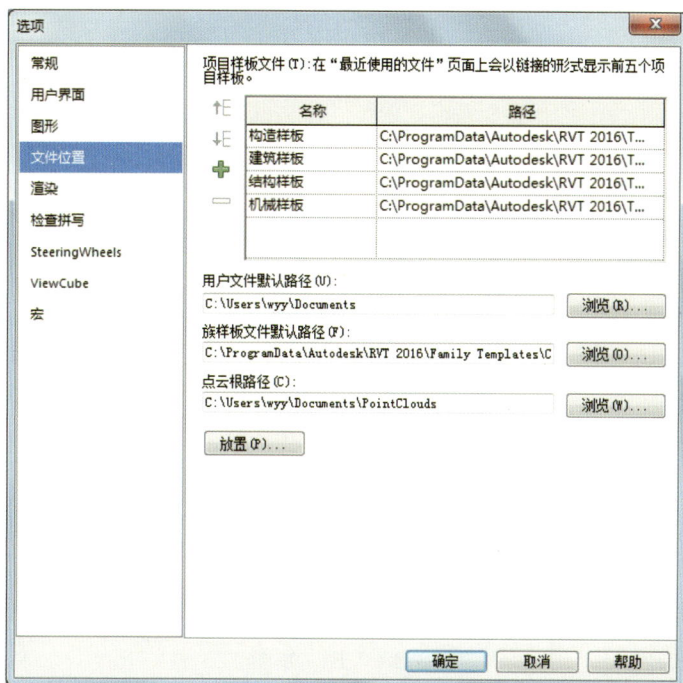

图 1.18　文件存储位置

2. 命令使用帮助

在使用 Revit 的过程中，将鼠标指针移动至某个命令时，会出现该命令的详细介绍，部分命令还含有动画演示，此时按 F1 键可进入帮助文件（图 1.19）。

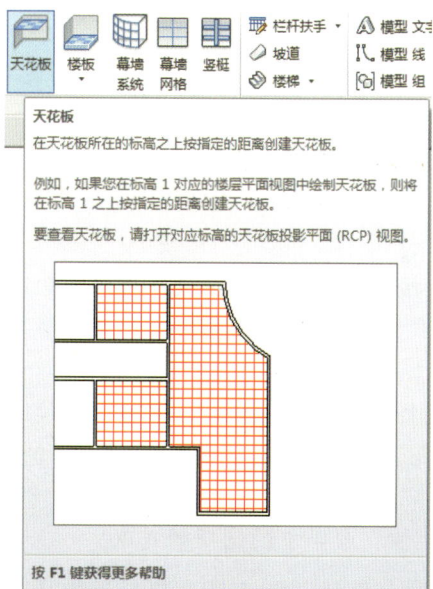

图 1.19　命令使用帮助

习 题

1. BIM 的（ ）特点可使施工过程中可能发生的问题提前到设计阶段来处理，减少了施工阶段的反复，不仅节约了成本，更缩短了建设周期。

    A. 可视化   B. 协调性

    C. 模拟性   D. 优化性

2. （ ）是 BIM 系列软件中组成项目的单元，同时也是参数信息的载体，是一个包含通用属性集和相关图形表示的图元组。

    A. 构件   B. 荷载

    C. 体量   D. 族

3. 在 BIM 软件应用中，Revit 系列软件能实施的内容不包括（ ）。

    A. 全专业模型的建立   B. 虚拟可视空间验证

    C. 模型的整理及数据的应用   D. 管线综合优化设计

4. 在项目中，以下不属于模型图元的是（ ）。

    A. 楼板   B. 楼梯

    C. 幕墙   D. 轴网

5. 下列选项中，不属于 BIM 的特点的是（ ）。

    A. 可视化   B. 优化性

    C. 可塑性   D. 可分析性

6. 显示剖面视图描述最全面的是（ ）。

    A. 从项目浏览器中选择剖面视图

    B. 双击剖面标头

    C. 选择剖面线，在剖面线上右击，从弹出的快捷菜单中选择"进入视图"命令

    D. 以上皆可

7. 缩放匹配的默认快捷键是（ ）。

    A. Z+Z   B. Z+F

    C. Z+A   D. Z+V

8. 绘制详图构件时，按（ ）键可以旋转构件方向以放置。

    A. Tab   B. Shift

    C. Space   D. Alt

9. 选择了第一个图元之后，按住（ ）键可以继续选择添加 / 删除相同图元。

    A. Shift   B. Ctrl

    C. Alt   D. Tab

10. 不属于"修剪 / 延伸"命令中的选项的是（ ）。

    A. 修剪或延伸为角   B. 修剪或延伸为线

    C. 修剪或延伸一个图元   D. 修剪或延伸多个图元

11．Revit 中进行图元选择的方式有（　　）。

A．按鼠标滚轮选择
B．按过滤器选择

C．按 Tab 键选择
D．单击选择

E．框选

12．Revit 软件的基本文件格式主要分为（　　）。

A．.rte 格式
B．.rvt 格式

C．.rft 格式
D．.rfa 格式

E．Revit 格式

项目 2

建筑信息模型创建

项目完成目标

■知识目标

掌握 BIM 建模的一般流程，理解 BIM 建模创建的构件类型、构件参数等基本概念。

■能力目标

掌握标高与轴网的创建及编辑方法，掌握建筑墙体及柱、门窗、楼板、屋顶、楼梯、零星构件等实体创建与编辑方法，掌握 Revit 建筑模块命令功能的使用。

■素质目标

培养耐心细致的工作作风和严肃认真的工作态度；培养精益求精的工匠精神；提高分析问题、解决问题的能力。

项目分析说明

建筑信息模型将工程项目在全生命周期中各个不同阶段的工程信息、过程和资源集成在建筑模型中，方便工程各参与方使用。本项目将结合案例工程，介绍 Revit 软件创建建筑信息模型（图 2.1）的方法，包括标高、轴网的创建以及柱、墙、门窗、楼板、屋顶、楼梯等构件的创建等。相关图纸可登录 www.abook.cn 网站，搜索本书进行下载。

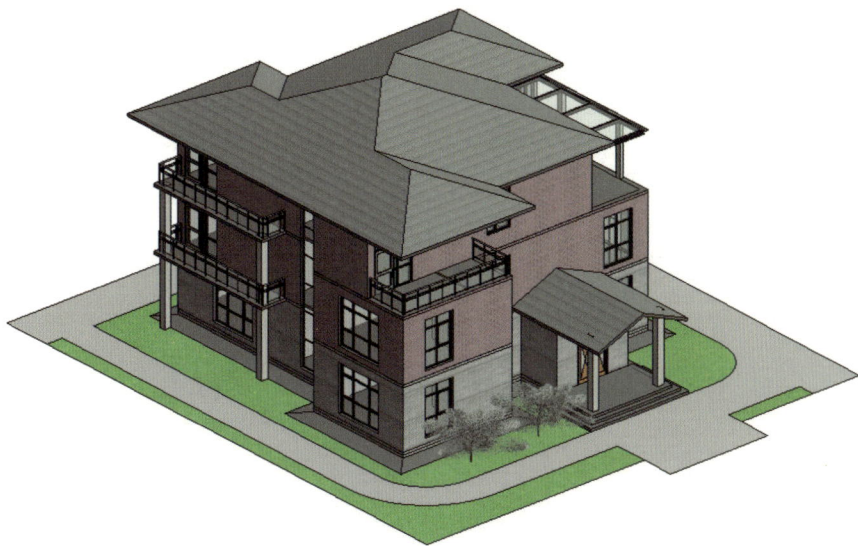

图 2.1　别墅模型

任务 2.1　新建项目文件

新建项目文件

2.1.1　新建文件

单击"应用程序菜单"→"新建"→"项目"按钮，弹出"新建项目"对话框，单击"浏览"按钮，在弹出的"选择样板"对话框中查找到"别墅样板"文件，单击"打开"按钮，再单击"确定"按钮，新建项目文件，如图 2.2 所示。

图 2.2　新建项目文件

2.1.2　项目设置与保存

单击"管理"选项卡→"设置"面板→"项目信息"按钮，弹出"项目属性"对话框（图 2.3），输入项目信息，如项目名称、项目地址等。

图 2.3 "项目属性"对话框

单击"管理"选项卡→"设置"面板→"项目单位"按钮,弹出"项目单位"对话框(图 2.4),对"长度""面积""体积"等项目进行单位、小数位数设置。

图 2.4 "项目单位"对话框

　　单击"应用程序菜单"按钮，在弹出的下拉列表中选择"保存"或"另存为"→"项目"命令，在弹出的"另存为"对话框中设置保存路径，输入项目文件名"别墅01"。单击"另存为"对话框右下角的"选项"按钮，弹出"文件保存选项"对话框，设置最大备份数为3，单击"确定"按钮，再单击"保存"按钮，即可保存项目文件，如图 2.5 所示。

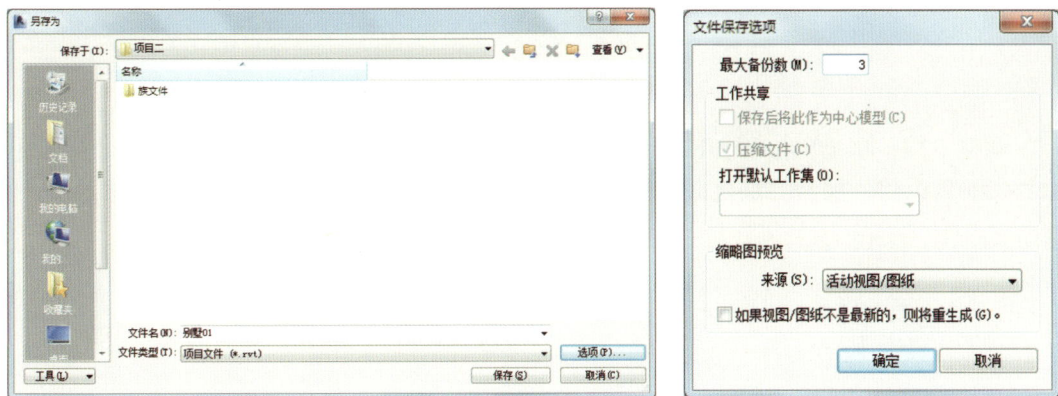

图 2.5　保存项目文件

任务 2.2　创建标高、轴网及平面视图

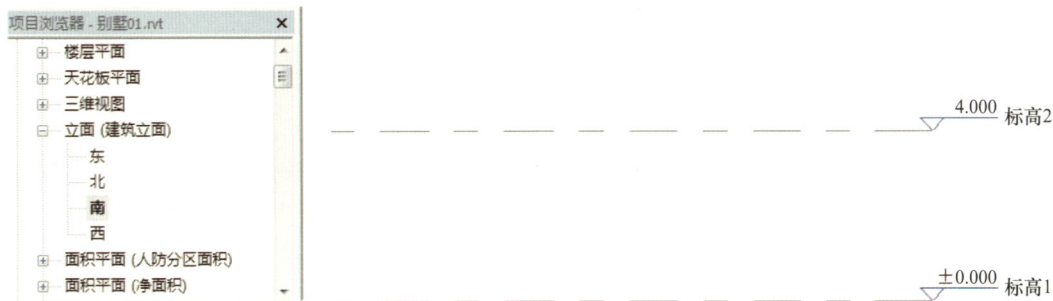

2.2.1　创建标高

　　在项目浏览器中展开"立面（建筑立面）"选项，双击"南"立面，进入南立面视图（东、北、西亦可）。此时，在绘图区有两个默认的标高信息，即标高 1（±0.000）和标高 2（4.000），如图 2.6 所示。

创建标高、轴网

4.000　标高2

±0.000　标高1

图 2.6　立面视图

　　修改标高名称。双击名称"标高 1"，将其更改为"F1"，按 Enter 键，弹出"是否希望重命名相应视图？"提示框（图 2.7），单击"是"按钮，则项目浏览器中"楼层平面"下的"标高 1"将自动更改为"F1"。用同样的方法将"标高 2"修改为"F2"。

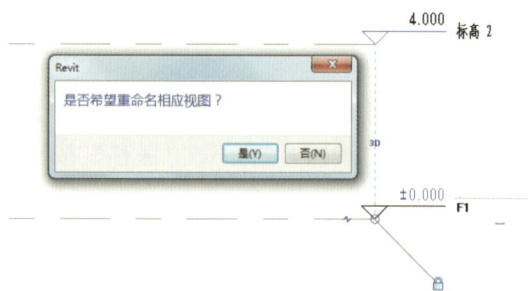

图 2.7 修改标高名称

调整 F2 标高。单击选中 F2 标高，单击标头数字"4.000"或单击临时尺寸标注中的"4000"，将一层与二层之间的层高修改为 3.600m，如图 2.8 所示。

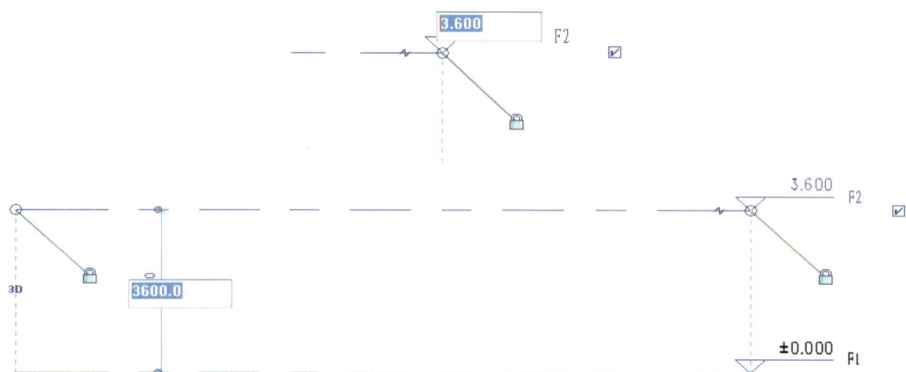

图 2.8 调整标高

利用"复制"工具，创建 F3 标高（7.2m）和屋面标高（10.8m）。选择 F2 标高，单击"修改"面板→"复制"按钮，在选项栏选中多重复制选项"约束""多个"。移动光标，单击 F2 标高，然后垂直向上移动光标，输入间距值 3600 后，按 Enter 键确认，复制出 F3 标高（图 2.9）。

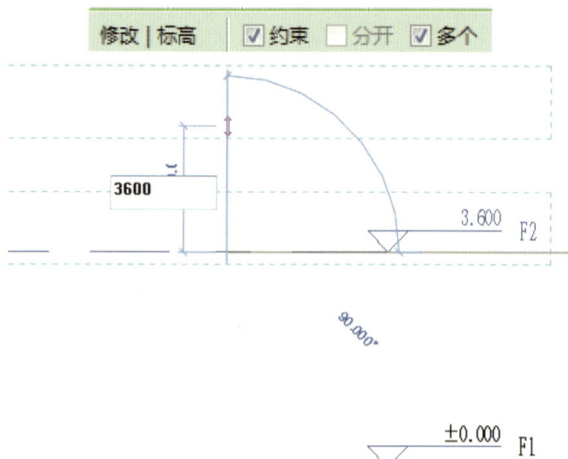

图 2.9 复制标高

继续输入 3600 后，按 Enter 键，复制出 F4 标高，按 Esc 键退出当前命令后，将 F4 标高名称修改为"屋面"。

绘制室外地坪标高。单击"建筑"选项卡→"基准"面板→"标高"按钮 ，Revit 软件会自动切换到"修改 | 放置 标高"上下文选项卡。单击"绘图"面板→"直线"按钮 ，确认选项栏中已经选中"创建平面视图"复选框，且偏移量为 0.0（图 2.10）。单击选项栏中的"平面视图类型"，在弹出的窗口中选择"楼层平面"，单击"确定"按钮退出窗口。这样，在绘制新标高的同时将会自动生成同名称的楼层平面视图。

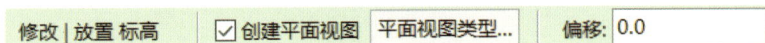

| 修改 \| 放置 标高 | ☑ 创建平面视图 | 平面视图类型... | 偏移: 0.0 |

图 2.10　标高绘制选项栏

将鼠标指针移动至 F1 标高线左侧端点下方附近，会出现一条与端点对齐的参照线，并显示临时尺寸标注。鼠标指针沿着参照线的方向向下移动，输入尺寸 450，单击 Enter 键确定。鼠标指针沿着水平方向向右绘制标高线，直至右端点出现对齐的参照线（图 2.11），单击，则新的标高线绘制完成。此时，项目浏览器中的"楼层平面"会自动生成同名称的楼层平面视图。按两次 Esc 键，退出当前命令，修改新标高名称为"室外地坪"。

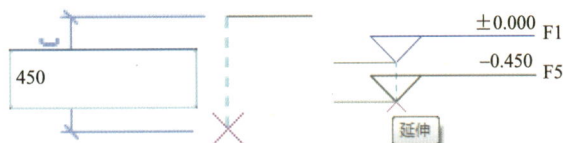

图 2.11　绘制标高

单击选中室外地坪标高线，在"类型选择器"下拉列表中选择"标高：下标头"类型，标头自动向下翻转方向。最终，标高绘制结果如图 2.12 所示。

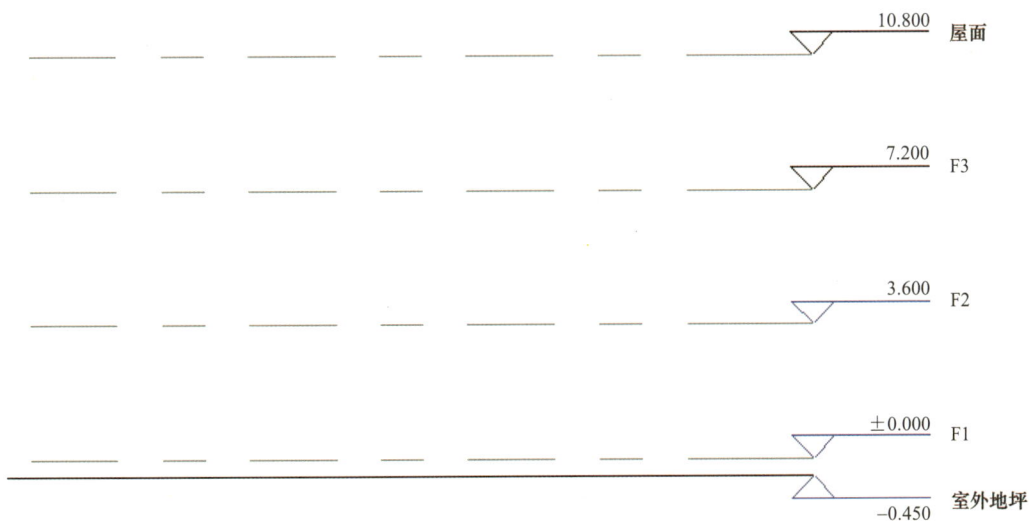

图 2.12　标高

2.2.2　创建轴网

在 Revit 软件中，轴网只需要在任意一个平面视图中绘制一次，其他平面和立面、剖面视图中都将自动显示。

设置轴线类型。在项目浏览器中双击"楼层平面"下的"F1"视图，打开 F1 平面视图。单击"建筑"选项卡→"基准"面板→"轴网"按钮，在"属性"面板类型选择器下拉列表中选择"轴网：6.5mm 编号"类型，单击"编辑类型"按钮，弹出"类型属性"对话框，修改轴线样式，如图 2.13 所示。单击"应用"按钮，再单击"确定"按钮，关闭"类型属性"对话框。

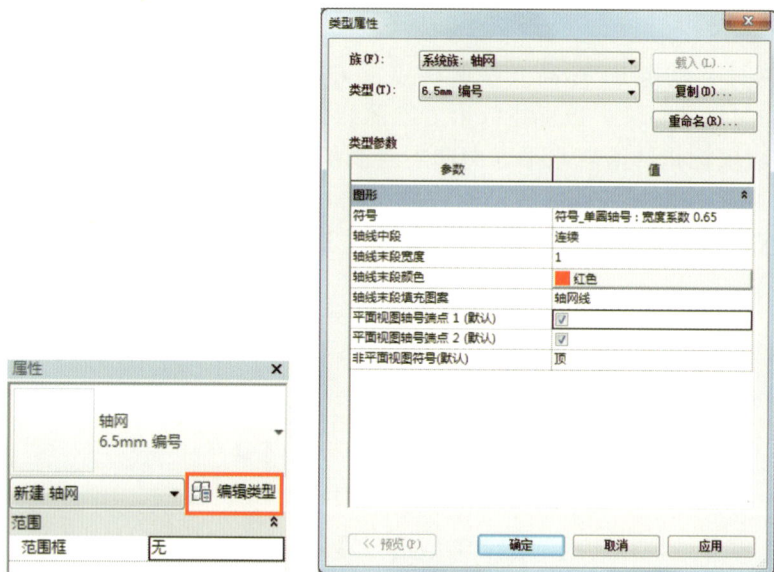

图 2.13　设置轴线类型

绘制轴线（图 2.14）。利用"修改 | 放置 轴网"上下文选项卡→"绘制"面板→"直线"工具绘制第一条垂直轴线，轴号为 1。复制创建 2 ~ 8 号轴线：选中 1 号轴线，单击"修改 | 放置 轴网"上下文选项卡→"修改"面板→"复制"工具，在选项栏选中多重复制选项"约束""多个"，移动光标，在 1 号轴线上单击捕捉一点作为复制参考点，然后水平向右移动光标，保持光标位于新复制的轴线右侧，分别输入间距值 2100、5700、2100、2400、3600、2700、2700，再按 Enter 键确认复制 2 ~ 8 号轴线。

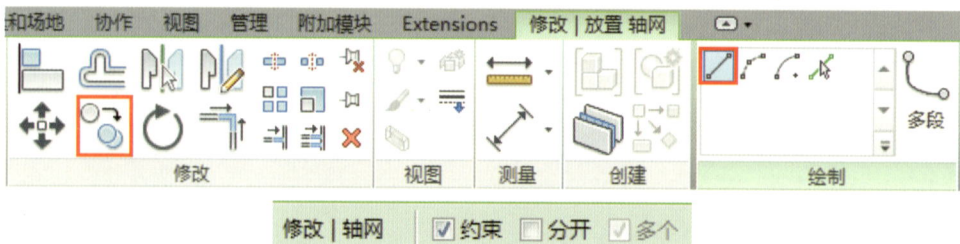

图 2.14　"修改 | 放置 轴网"上下文选项卡

单击"建筑"选项卡→"基准"面板→"轴网"按钮，移动光标到视图中合适位置，单击捕捉一点作为轴线起点，然后从左向右水平移动光标到 8 号轴线右侧一段距离后，再次单击捕捉轴线终点，创建第一条水平轴线。选择刚创建的水平轴线，单击标头文字，将其修改为"A"，创建 A 号轴线。利用"复制"命令，创建 B ～ G 号轴线。

在项目浏览器中双击"楼层平面"下的"F1"视图，打开首层平面视图，调整轴网。单击选中任意一条轴线，移动光标至该轴线标头的小圆圈符号，待其由蓝色变成紫色时，单击将其拖拽至合适位置，则整组轴线的标头都会发生相应的移动（图 2.15），从而保证平面视图轴线位置的准确清晰。

分别框选四个立面符号并移动至合适位置，确保轴网在四个立面符号范围内，完成后的轴网如图 2.16所示，保存文件。

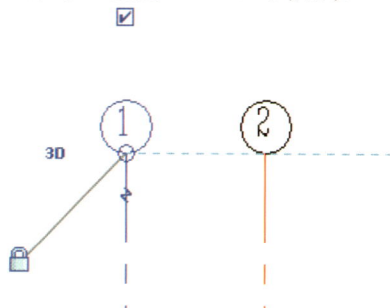

图 2.15 调整轴线

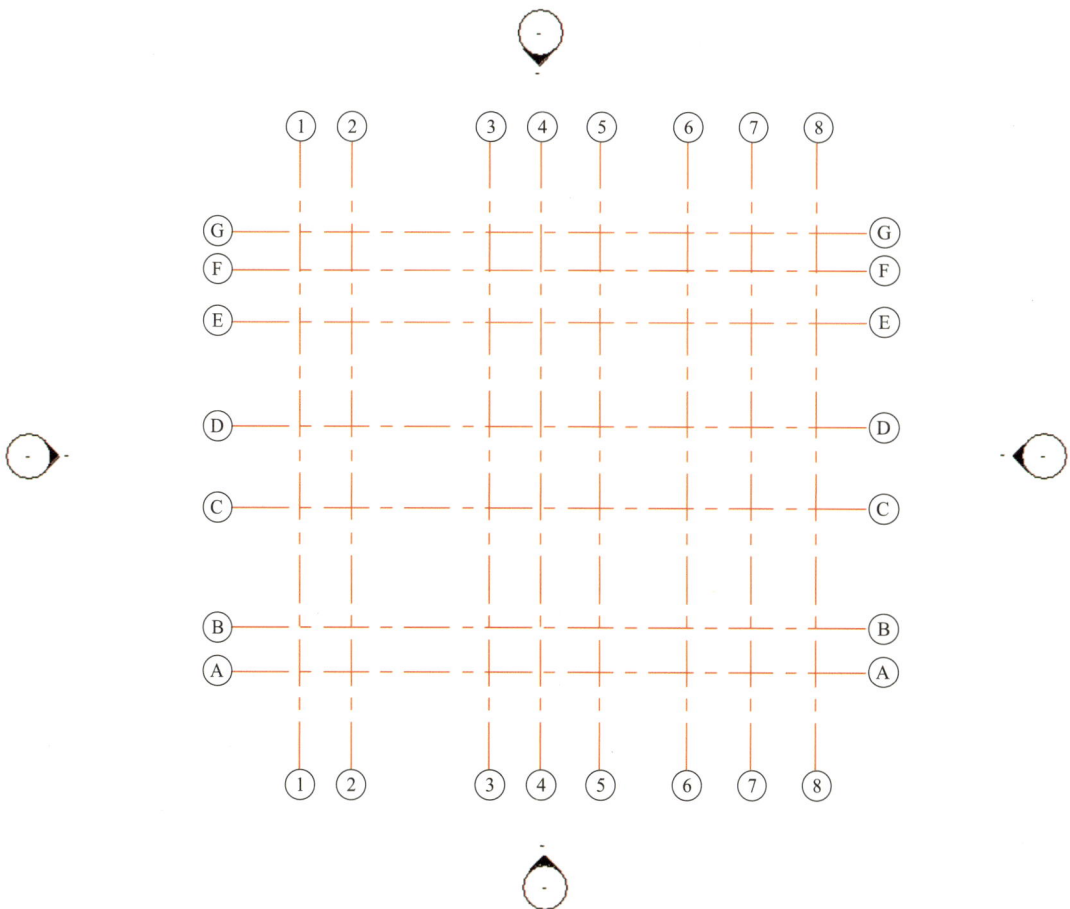

图 2.16 轴网完成绘制

分别双击项目浏览器中"立面（建筑立面）"下的"东""南""西""北"视图，进入四个立面视图，调整标高。单击任意一条标高线，移动光标至标高线标头的小圆圈符号，待其由蓝色变成紫色时，单击将其拖拽至最右侧轴线外，则整组标高标头都会发生相应的移动，从而保证立面图视图内容的完整清晰（图 2.17）。

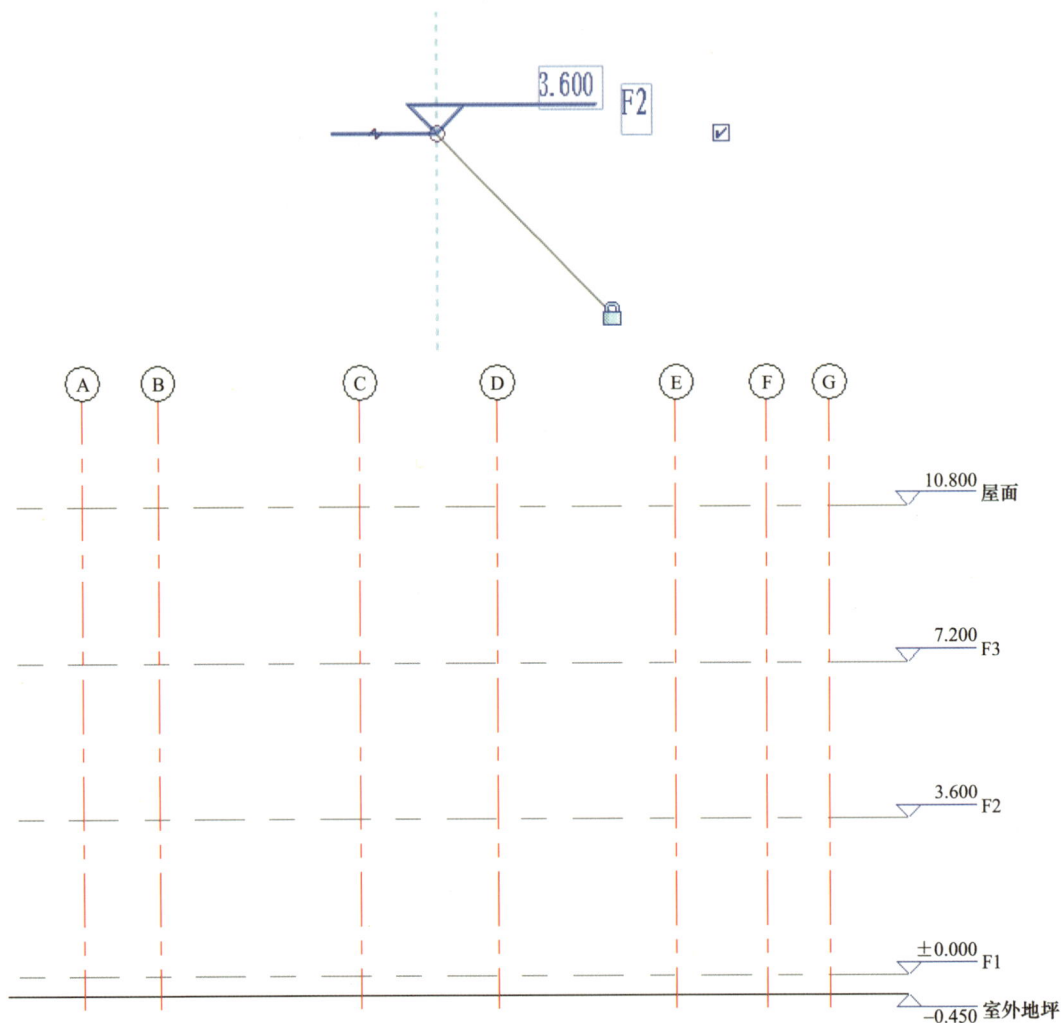

图 2.17　调整标高

2.2.3　创建平面视图

在 Revit 中复制的标高是参照标高，因此新复制的标高标头都是黑色显示，而且在项目浏览器中的"楼层平面"下也没有同步创建对应的平面视图，需要单独进行平面视图的创建。

单击"视图"选项卡→"平面视图"按钮→"楼层平面"按钮，弹出"新建楼层平面"对话框，利用 Ctrl 键全部选中"F3""屋面"（图 2.18），单击"确定"按钮，则在项目浏览器中创建了新的楼层平面"F3、屋面"。在项目浏览器中双击打开南立面视图，发现"F3、屋面"标高标头变成蓝色显示，最后保存文件。

图 2.18　"新建楼层平面"对话框

任务 2.3　创建一层墙体

2.3.1　墙体类型

在绘制墙体之前，需要创建对应的墙体类型。根据任务图纸要求，本项目涉及的墙体类型主要包括外墙、内墙、隔墙等。

单击"建筑"选项卡→"构建"面板→"墙"按钮，在属性面板的类型选择器中选择"基本墙：常规 –200mm"，单击"编辑类型"按钮，弹出"类型属性"对话框。单击"复制"按钮，在弹出的"名称"对话框中输入新类型名称"一层外墙"（图 2.19）。单击"确定"按钮，返回"类型属性"对话框。

墙体类型的设置

单击"结构"参数旁的"编辑"按钮，弹出"编辑部件"对话框，在该对话框中可设置墙的构造。对于"结构［1］"，单击"材质"列"按类别"左侧的按钮，弹出"材质浏览器"对话框，搜索"混凝土砌块"并单击选中该材质，单击"确定"按钮，关闭该对话框（图 2.20）。在"编辑部件"对话框中设置"结构［1］"对应的厚度为260.0。

图 2.19　新建墙体

图 2.20　设置混凝土砌块材质

在"编辑部件"对话框中单击"插入"按钮，插入两个新层，将其中 1 层"功能"修改为"面层 1 [4]"。单击"材质"列"按类别"右侧的按钮，弹出"材质浏览器"对话框，单击左下角的"新建材质"按钮（图 2.21）。选中新建的"默认为新材质"，右击，在弹出的快捷菜单中选择"重命名"命令，将名称修改为"灰色外墙"。

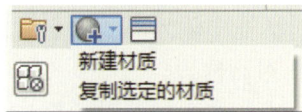

图 2.21　新建材质

在"材质浏览器 – 灰色外墙"对话框中单击"打开 / 关闭资源浏览器"按钮，搜索"砖"，找到合适的材质（如灰色顺砌等），双击材质即可将其添加给新建的材质"灰色外墙"（图 2.22）。关闭"资源浏览器"对话框，在"材质浏览器 – 灰色外墙"对话框中单击"确定"按钮，在"编辑部件"对话框中设置"面层 1 [4]"对应的厚度为 30。

将另一个新层的"功能"修改为"面层 2 [5]"，单击"材质"列"按类别"右侧的按钮，弹出"材质浏览器"对话框，搜索"涂料"，找到"涂料 – 黄色"材质，选择该材质，右击，在弹出的快捷菜单中选择"复制"命令，将复制出的新材质重命名为"白色涂料"。

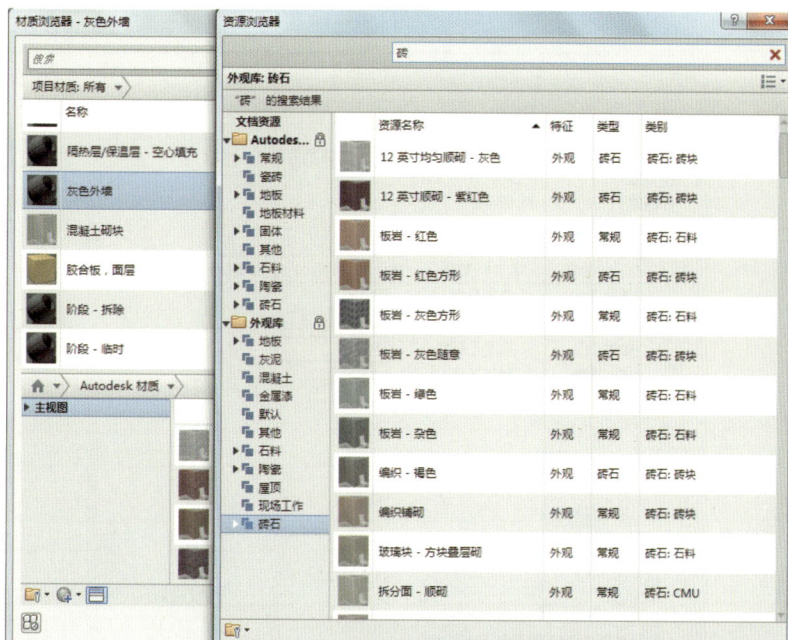

图 2.22 设置外墙石材材质

设置"白色涂料"材质，"图形"选项卡下修改"着色"颜色为白色，修改"外观"选项卡下"墙漆"颜色为白色（图 2.23）。依次单击"应用""确定"按钮，关闭"材质浏览器–白色涂料"对话框，在"编辑部件"对话框中将材质厚度修改为 10。

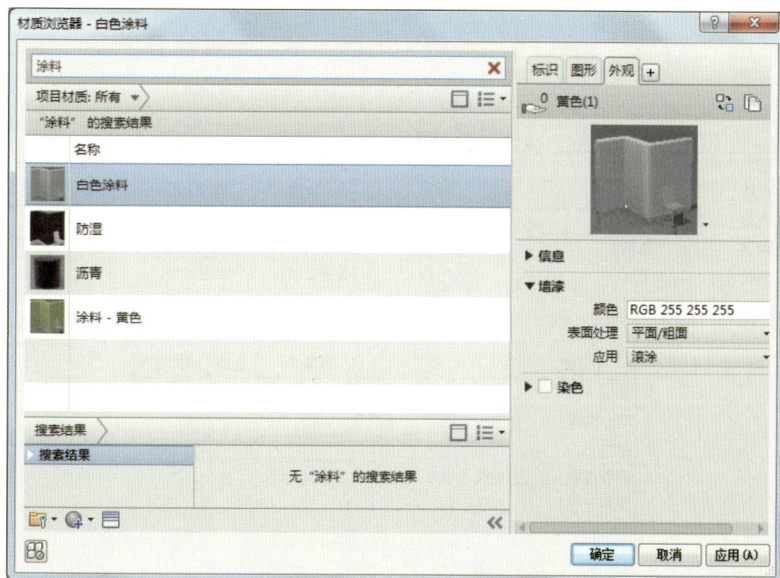

图 2.23 设置白色涂料材质

通过"向上""向下"命令调整层的顺序，设置完成后如图 2.24 所示。单击"确定"按钮，返回"类型属性"对话框，依次单击"应用""确定"按钮，完成一层外墙类型的创建。

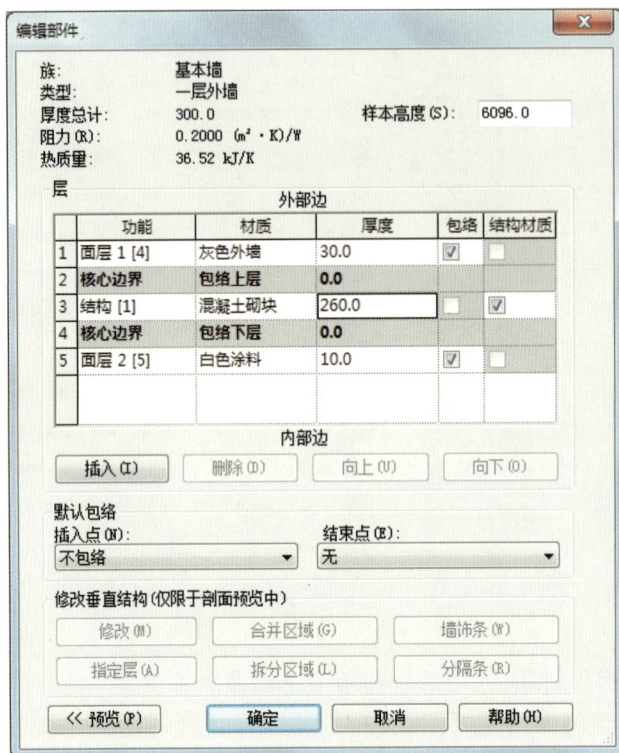

图 2.24　设置一层外墙参数

同理，可以依次设置二层、三层外墙，内墙，卫生间隔墙等类型，相应的参数设置可以参考图 2.25。

	功能	材质	厚度	包络	结构材质
1	面层 1 [4]	红色外墙	30.0	☑	
2	核心边界	包络上层	0.0		
3	结构 [1]	混凝土砌块	260.0		☑
4	核心边界	包络下层	0.0		
5	面层 2 [5]	白色涂料	10.0	☑	

（a）二、三层外墙

	功能	材质	厚度	包络	结构材质
1	面层 1 [4]	白色涂料	10.0	☑	
2	核心边界	包络上层	0.0		
3	结构 [1]	混凝土砌块	180.0		☑
4	核心边界	包络下层	0.0		
5	面层 2 [5]	白色涂料	10.0	☑	

（b）内墙

	功能	材质	厚度	包络	结构材质
1	面层 1 [4]	瓷砖	10.0	☑	
2	核心边界	包络上层	0.0		
3	结构 [1]	混凝土砌块	100.0		
4	核心边界	包络下层	0.0		
5	面层 2 [5]	白色涂料	10.0	☑	

（c）卫生间隔墙

图 2.25　设置墙体参数

2.3.2　创建一层墙体

创建一层墙体

1. 绘制一层外墙

在项目浏览器中双击"楼层平面"项下"F1"，打开一层平面视图。单击"建筑"选项卡→"构建"面板→"墙：建筑"按钮，此时出现的"修改 | 放置 墙"上下文选项卡→"绘制"面板中默认为"直线"命令☑。在属性面板中选择墙类型为"基本墙：一层外墙"，调整属性面板中的"定位线"为"墙中心线"，"底部限制条件"为"室外地坪"，"顶部约束"为"直到标高：F2"；设置选项栏中的"偏移量"为50.0，如图2.26所示。

图 2.26　一层外墙绘制参数

移动光标至绘图区域，单击捕捉 G 轴和 2 轴交点作为绘制墙体起点，顺时针单击捕捉 G 轴和 6 轴交点、E 轴和 6 轴交点、E 轴和 7 轴交点、D 轴和 7 轴交点、D 轴和 6 轴交点、C 轴和 6 轴交点、C 轴和 7 轴交点、A 轴和 7 轴交点、A 轴和 5 轴交点、B 轴和 5 轴交点、B 轴和 1 轴交点、C 轴和 1 轴交点、C 轴和 2 轴交点、G 轴和 2 轴交点，完成一层外墙的绘制。按两次 Esc 键，退出墙绘制模式，效果如图2.27所示。

注意：若墙体内外层翻转，则可以使用以下两种方法进行修正。

1）选中需要翻转的墙体，单击"修改墙的方向"按钮 ⇆（图2.28）。

2）选中需要翻转的墙体，按 Space 键。

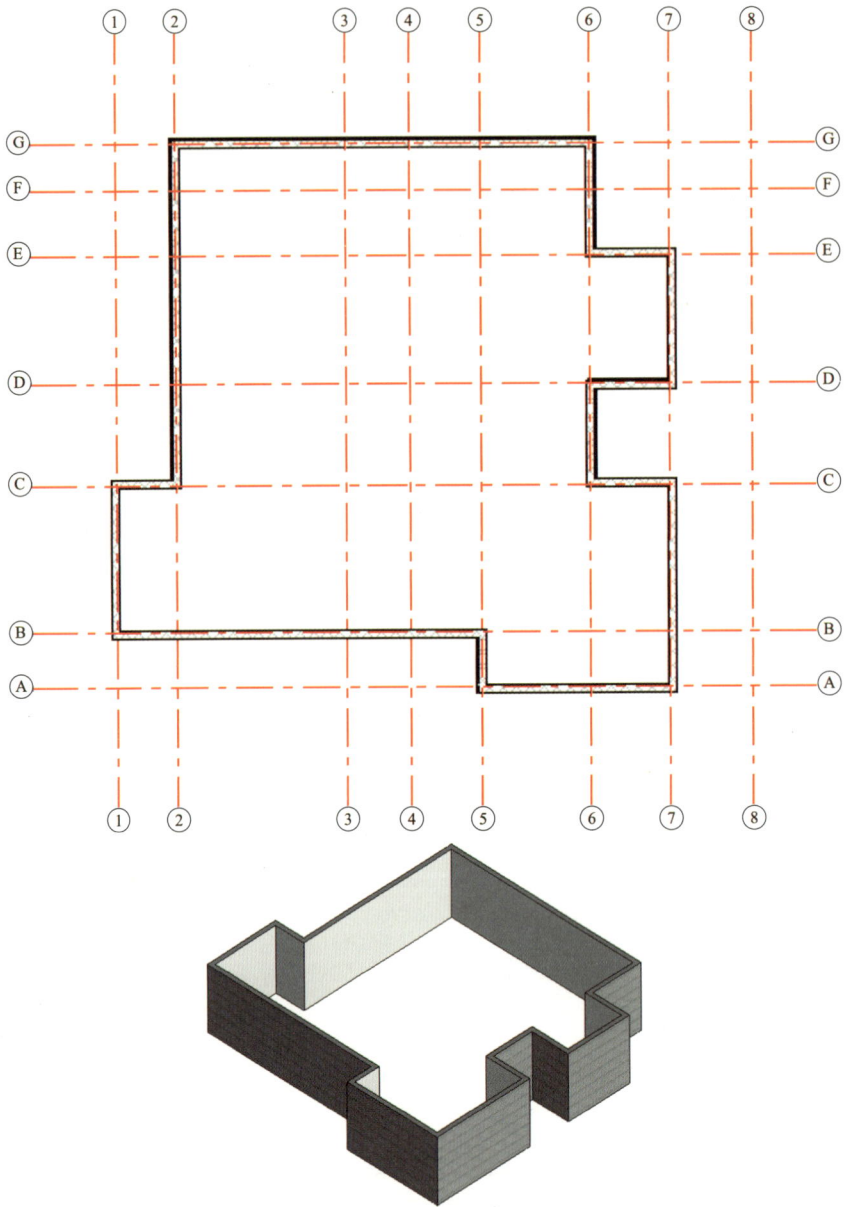

图 2.27　一层外墙

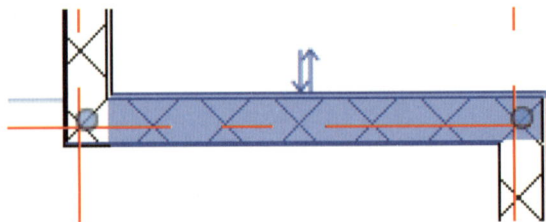

图 2.28　修改墙的方向

2. 绘制一层内墙

打开一层平面视图，单击"建筑"选项卡→"构建"面板→"墙"→"墙：建筑"按钮，在类型选择器中选择墙类型为"基本墙：内墙"，调整属性面板中的"定位线"为"墙中心线"，"底部限制条件"为"F1"，"顶部约束"为"直到标高：F2"。根据图纸绘制一层内墙。

同理，绘制一层卫生间隔墙。

完成后的一层墙体如图 2.29 所示，保存文件。

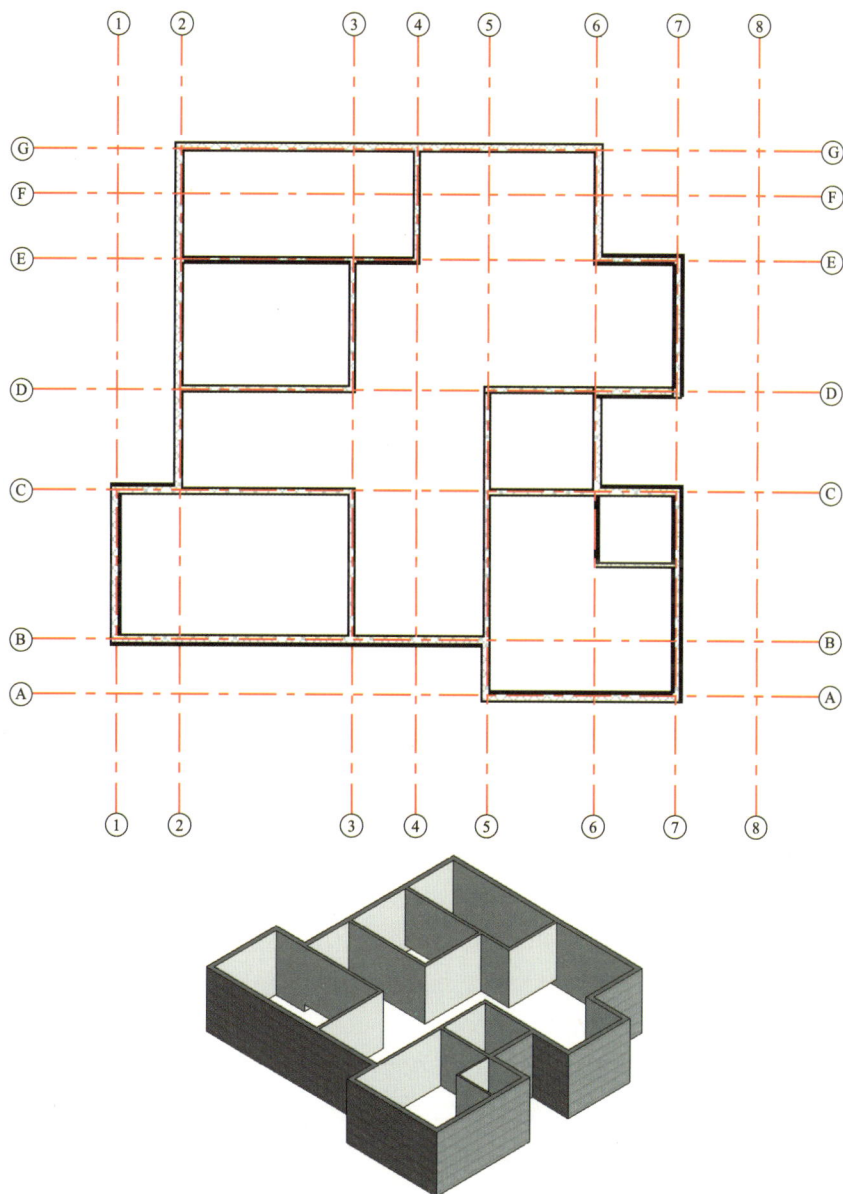

图 2.29　一层墙体绘制效果

注意： 轴线外墙体的位置可以通过临时尺寸标注修改。选中墙体，此时会出现蓝色的临时尺寸标注，单击数字即可修改对应尺寸与位置，拖拽尺寸标注的蓝色控制点可以调整尺寸标注的起止位置（图 2.30）。

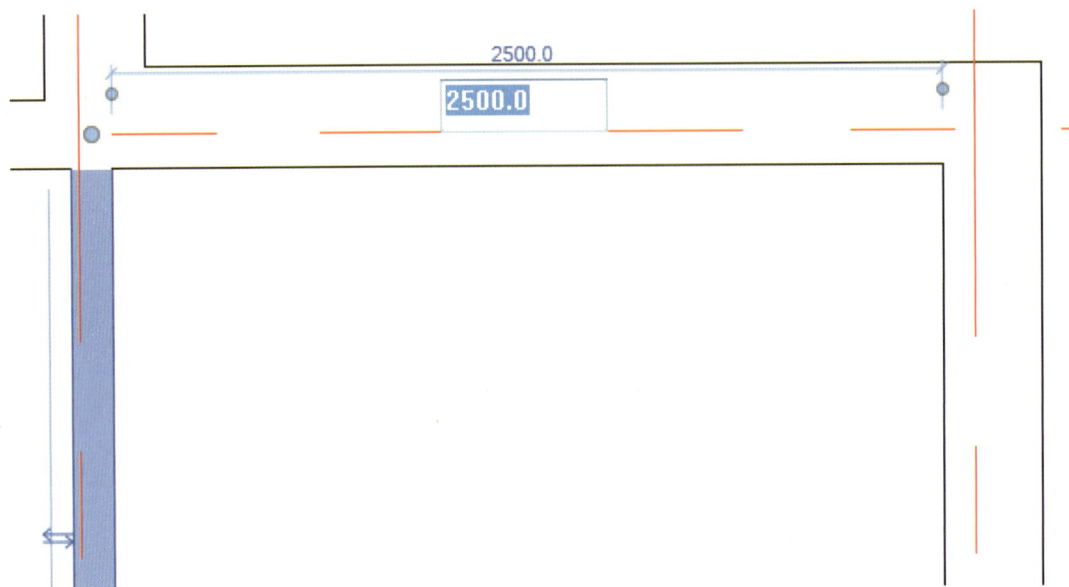

图 2.30　调整墙体位置

任务 2.4　绘制一层门、窗、楼板

2.4.1　绘制一层门

1. 门的类型

创建一层门、窗

打开 F1 平面视图，单击"建筑"选项卡→"门"按钮，在"修改 | 放置 门"上下文选项卡中单击"载入族"按钮，在弹出的"载入族"对话框中查找到"双扇平开木门"，单击"打开"按钮，将其载入项目中。

在属性面板中选择"双扇平开木门：1400×2100mm"，单击属性面板中的"编辑类型"按钮，在弹出的"类型属性"对话框中单击"复制"按钮，在弹出的"名称"对话框中输入新类型名称为"1800×2400mm"，单击"确定"按钮，返回"类型属性"对话框。修改门的"宽度"为 1800mm，"高度"为 2400mm（图 2.31），"类型标记"为 M1824，单击"确定"按钮。激活"修改 | 放置 门"上下文选项卡下的"在放置时进行标记"按钮[①]，以便对门进行自动标记。

图 2.31　设置门参数

2．绘制门

将光标移动到门所在位置的墙上，此时会出现门与周围墙体距离的蓝色临时相对尺寸，这样可以通过相对尺寸大致捕捉门的位置。按 Space 键可以控制门的左右开启方向。

在墙上合适位置单击放置门，调整临时相对尺寸标注蓝色的控制点，拖动蓝色控制点到附近轴线，修改尺寸值为 1200（图 2.32），调整好门的位置。

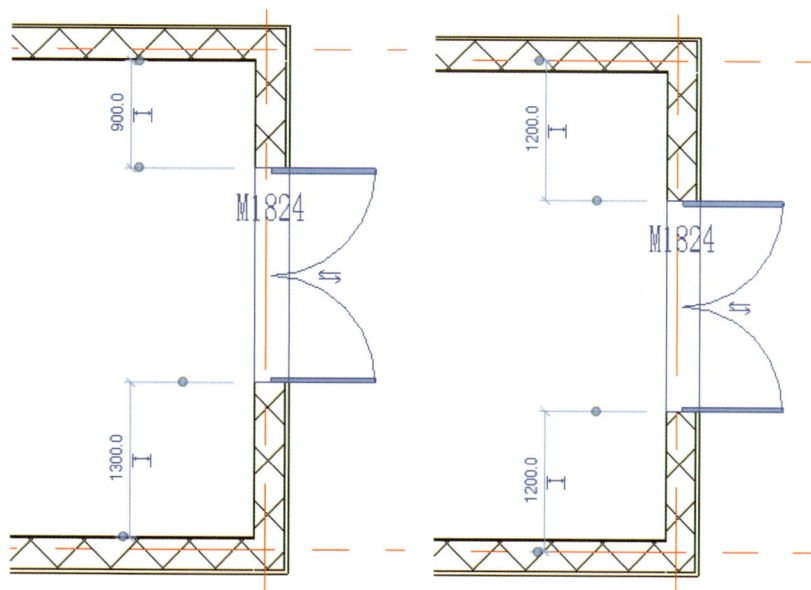

图 2.32　放置门

同理，根据图纸，分别创建"M1621""M1021""M0921""JLM3027"等门类型，并放置于一层墙上的合适位置，完成后保存文件。

2.4.2 绘制一层窗

打开 F1 平面视图，单击"建筑"选项卡→"窗"按钮，在"修改 | 放置 窗"上下文选项卡中单击"载入族"按钮，在弹出的"载入族"对话框中查找到"组合窗 – 三层三列（平开＋固定）"，单击"打开"按钮，将其载入项目中。

在属性面板中选择"组合窗 – 三层三列（平开＋固定）：3600×3000mm"，单击属性面板中的"编辑类型"按钮，在弹出的"类型属性"对话框中单击"复制"按钮，在弹出的"名称"对话框中输入新类型名称"3000×2700mm"（图 2.33），单击"确定"按钮，返回"类型属性"对话框。修改窗的"宽度"为 3000mm，"高度"为 2700mm，"类型标记"为 C3027，单击"确定"按钮。修改属性面板中的"底高度"为 300。

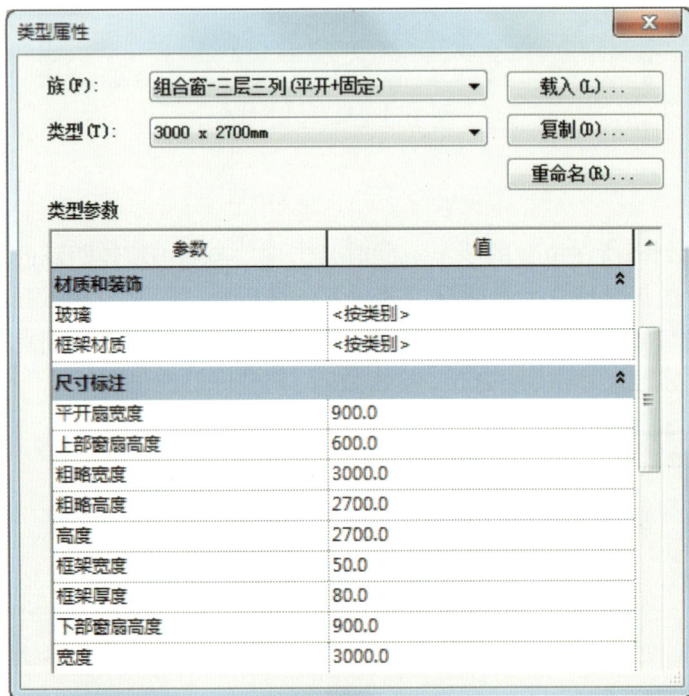

图 2.33 窗 C3027 参数

激活"修改 | 放置 窗"上下文选项卡下的"在放置时进行标记"按钮[1]，以便对窗进行自动标记。根据图纸位置，在墙体的合适位置单击放置窗，并调整至合适位置。

同理，根据任务图纸，创建"C1827""C1521"等窗类型，并放置于一层墙体的合适位置，完成后保存文件。

编辑完成后的一层门窗如图 2.34 所示，保存文件。

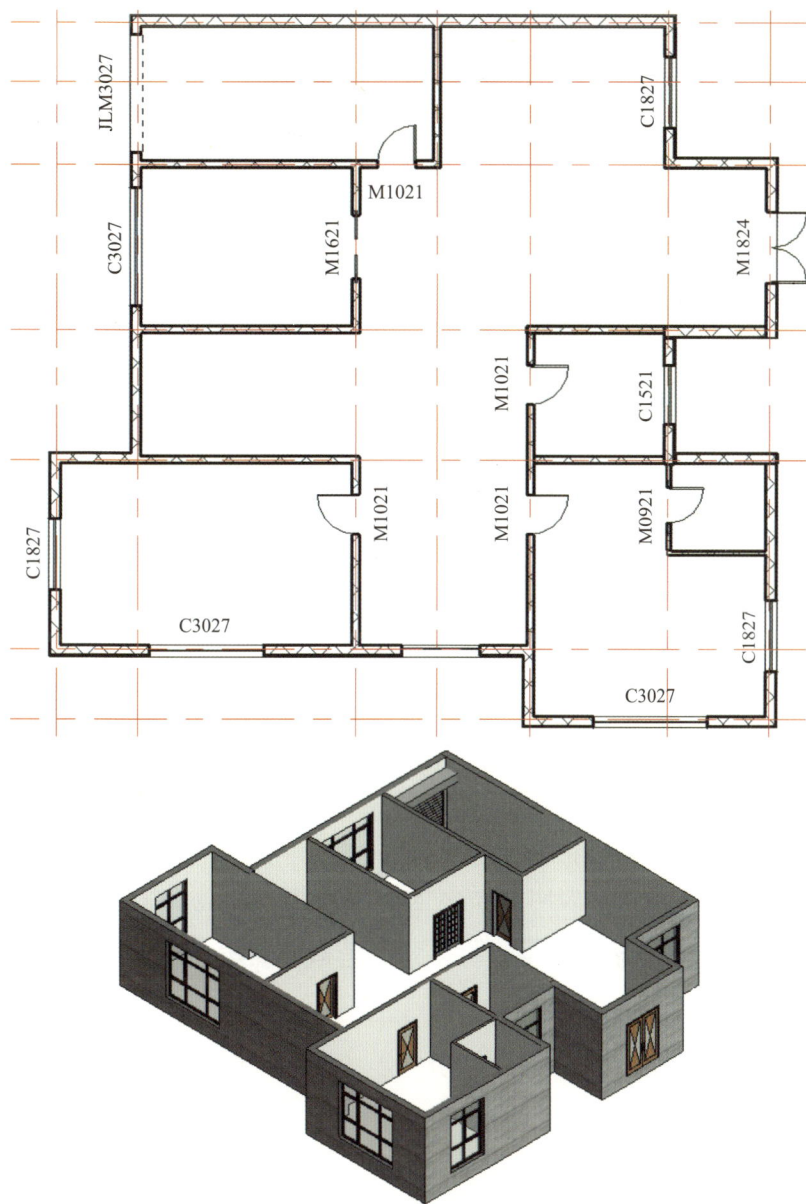

图 2.34　一层门窗

2.4.3　绘制一层楼板

　　打开 F1 平面视图，单击"建筑"选项卡→"构建"面板→"楼板"→
"楼板：建筑"按钮，进入楼板绘制模式。

创建一层楼板

　　在属性面板中选择楼板类型为"常规 150mm"，单击"编辑类型"按钮，在弹出
的"类型属性"对话框中单击"编辑"按钮，在弹出的"编辑部件"对话框中修改结构
材质为"钢筋混凝土"（图 2.35），单击"确定"按钮，退出对话框。

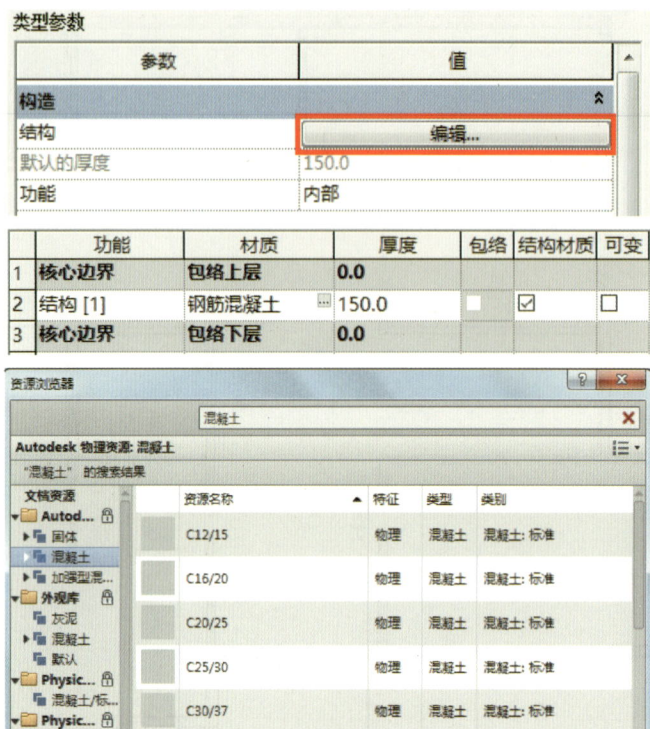

图 2.35　设置楼板参数

单击"修改|创建楼层边界"上下文选项卡→"绘制"面板→"拾取墙"按钮，在选项栏中设置偏移量为"20"，移动光标到外墙外边线上，依次单击拾取外墙外边线，自动创建楼板轮廓线，或者用 Tab 键全选外墙创建楼板轮廓线（图 2.36）。

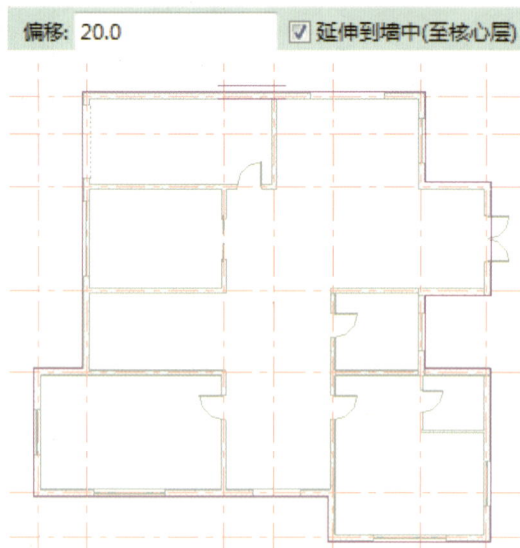

图 2.36　绘制楼板

单击"完成编辑模式"按钮 ✔，弹出图 2.37 所示提示框，单击"是"按钮，完成一层楼板的编辑绘制，如图 2.38 所示。

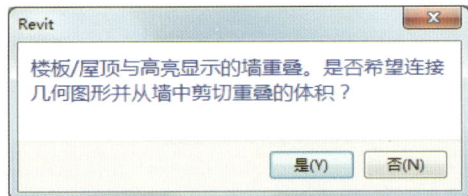

图 2.37　Revit 提示对话框

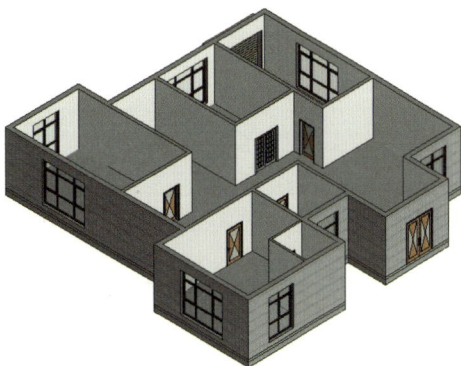

图 2.38　一层楼板

任务 2.5　创建其他楼层墙体、门窗、楼板

2.5.1　创建二层墙体、门窗

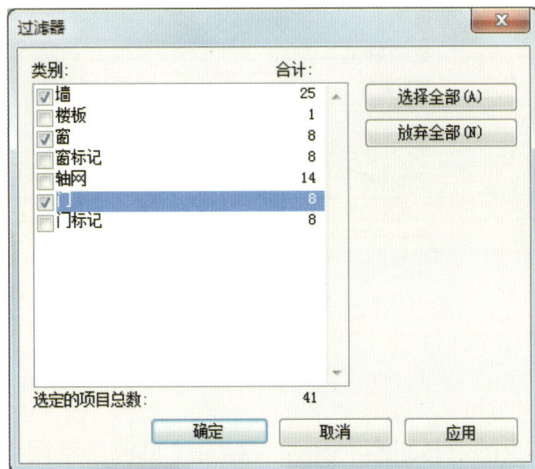

1．复制墙体、门窗

打开 F1 平面视图，按住鼠标左键从右向左拖拽选择框，框选首层所有构件。在构件选择状态下，单击"修改 | 选择多个"上下文选项卡→"选择"面板→"过滤器"按钮 ▽，在弹出的"过滤器"对话框中选中"墙""窗""门"类别，单击"确定"按钮，关闭对话框（图 2.39）。

创建二层墙体、门窗

图 2.39　"过滤器"对话框

单击"修改 | 选择多个"上下文选项卡→"剪贴板"面板→"复制到剪贴板"按钮，将首层平面的所选构件复制到剪贴板中备用。单击"粘贴"下拉按钮，在打开的下拉列表中选择"与选定的标高对齐"命令，在弹出的"选择标高"对话框中选择"F2"（图 2.40），单击"确定"按钮，则首层平面对应构件都被复制到二层平面。

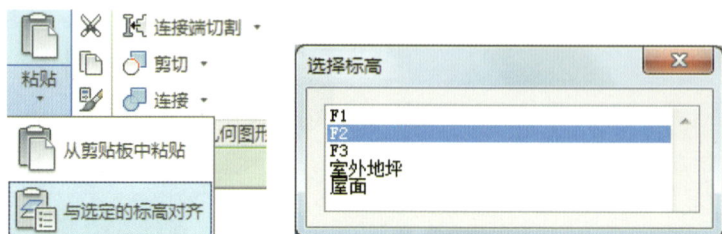

图 2.40　复制粘贴一层构件

此时，系统弹出警告（高亮显示的墙重叠）。打开 F2 平面视图，按 Tab 键全选二层外墙，修改属性面板中的"底部偏移"为 0，在类型选择器下拉列表中选择"基本墙：二三层外墙"（图 2.41）。

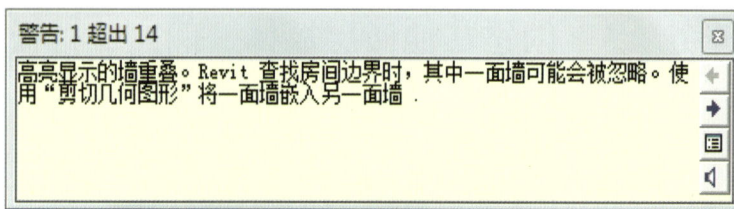

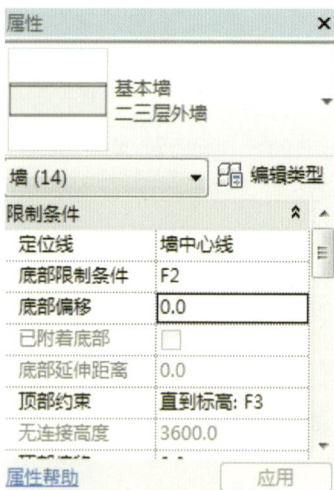

图 2.41　修改二层外墙

2．编辑墙体

根据任务图纸对缺少的墙体进行补绘，并结合"修改"选项卡→"修改"面板中的相关命令对墙体进行编辑。

1）移动墙体：在 F2 平面视图中选中要移动的墙体，单击"修改 | 墙"上下文选项卡→"修改"面板→"移动"按钮✛，单击选择一点作为参照点，移动光标至合适位置，单击，墙体即被移动。

2）删除墙体：在 F2 平面视图中单击选中需要删除的墙体，单击"修改 | 墙"上下文选项卡→"修改"面板→"删除"按钮✘，或按 Delete 键删除。

3）拆分墙体：单击"修改"选项卡→"修改"面板→"拆分图元"按钮❏❡，移动光标并单击拾取墙体拆分点，即可将墙体拆分。

4）修剪 / 延伸墙体：单击"修改"选项卡→"修改"面板→"修剪 / 延伸单个图元"按钮╕，移动光标并依次单击选择用作边界的参照及要修剪或延伸的墙体。如果此图元与边界（或投影）交叉，则保留所单击的部分，而修剪边界另一侧部分。

编辑绘制完成的二层墙体如图 2.42 所示。

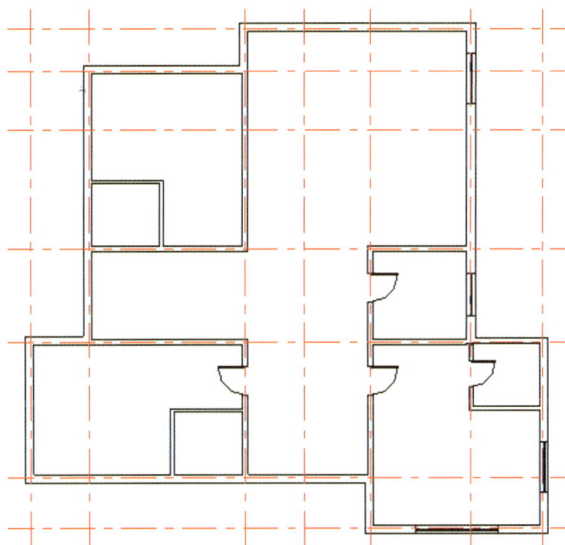

图 2.42　编辑绘制完成的二层墙体

3．编辑门窗

单击"注释"选项卡→"标记"面板→"全部标记"按钮，在弹出的"标记所有未标记的对象"对话框中选择"门标记""窗标记"类别，依次单击"应用""确定"按钮，对门窗进行标记。

根据任务图纸中的二层平面图进行门窗的编辑修改。删除多余的门窗，添加新增的门窗。编辑修改时，楼梯间 C1521 窗户的底高度为 –900。

注意：打开三维视图，找到楼梯间窗户，若窗户显示不全，则可以单击"修改"选项卡→"几何图形"面板→"剪切"按钮，单击选择 C1521 所在的二层外墙，再单击选择同一立面上的一层外墙，弹出警告框，单击"释放内嵌墙"按钮，则窗户显示正常（图 2.43）。

图 2.43　释放内嵌墙

2.5.2　创建二层楼板

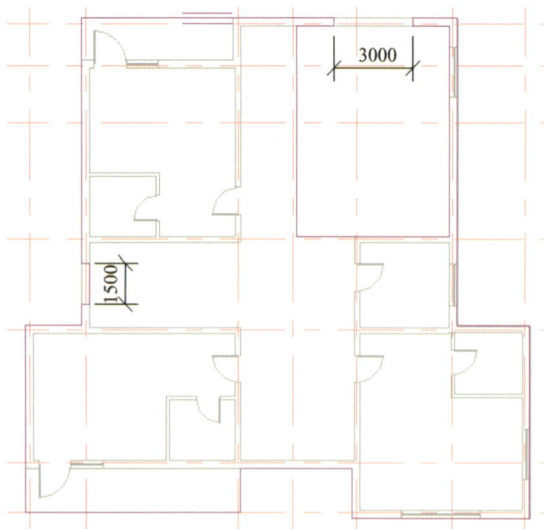

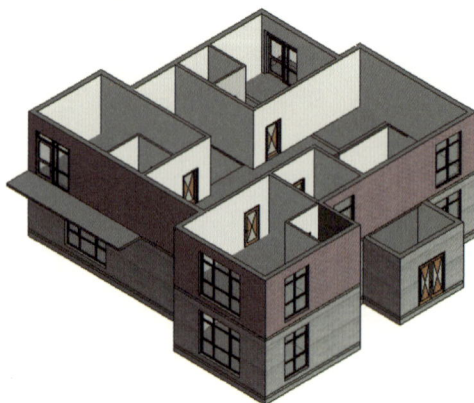

打开 F2 平面视图，在属性面板中设置参数"基线"为 F1。单击"建筑"选项卡→"构建"面板→"楼板"按钮，进入楼板绘制模式。

楼板类型为"常规 150mm"，单击"绘制"面板→"拾取墙"按钮，在选项栏中设置偏移量为 20，移动光标到外墙外边线上，依次单击拾取外墙外边线，自动创建楼板轮廓线。

创建二层楼板

单击"修改 | 创建楼层边界"上下文选项卡→"绘制"面板→"矩形"按钮，在客厅上空绘制矩形，将客厅上方悬空处位置进行扣除。同时，将楼梯间窗户、客厅幕墙位置进行扣除。

单击"完成"按钮✔，完成编辑绘制，创建完成的二层楼板如图 2.44 所示。

图 2.44　创建完成的二层楼板

注意： 在弹出的对话框"是否希望将高达此楼层标高的墙附着到此楼层的底部"中单击"否"按钮，在弹出的对话框"楼板/屋顶与高亮显示的墙重叠。是否希望连接几何图形并从墙中剪切重叠的体积"中单击"否"按钮。

2.5.3　创建三层墙体、门窗、楼板

展开项目浏览器中的"立面（建筑立面）"，双击"南立面"，进入南立面视图。在南立面中，从二层构件左上角位置到二层构件右下角位置，按住鼠标左键拖拽选择框，框选二层所有构件，如图 2.45 所示。

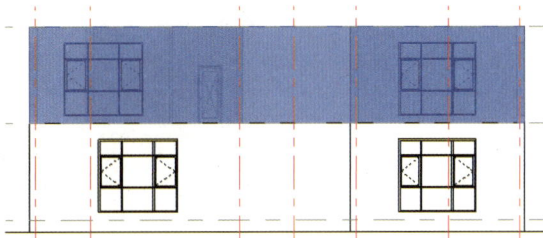

图 2.45　框选二层构件

在选中状态下，单击"修改 | 选择多个"上下文选项卡→"剪贴板"面板→"复制到剪贴板"按钮 🗍，将二层所有构件复制到剪贴板中备用。单击"粘贴"下拉按钮，在打开的下拉列表中选择"与选定的标高对齐"命令，在弹出的"选择标高"对话框中选择 F3，单击"确定"按钮，则二层所选构件都被复制到三层平面。

根据任务图纸中的三层平面图，进行三层墙体、门窗、楼板的编辑与修改，方法同前述内容，本节不再赘述。效果如图 2.46 所示。

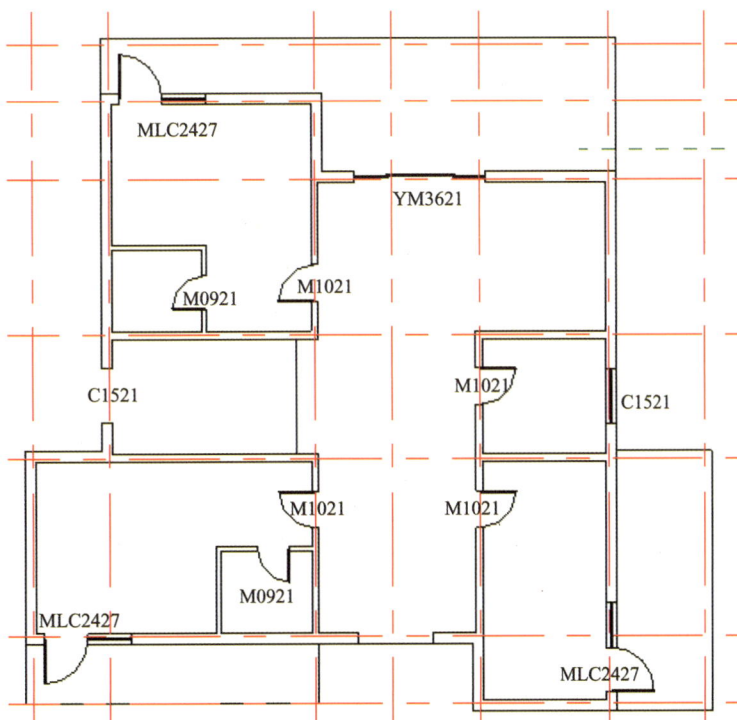

图 2.46　三层构件

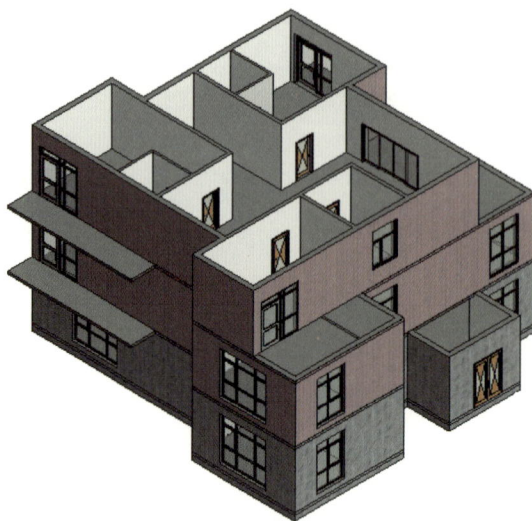

图 2.46（续）

任务 2.6 创建屋顶

2.6.1 多坡屋顶

打开"屋面"平面视图，选择基线为"F3"。单击"建筑"选项卡→"构件"面板→"屋顶"→"迹线屋顶"按钮，进入绘制屋顶轮廓迹线草图模式。

创建多坡屋顶

设置屋顶类型。在属性面板的类型选择器中选择"基本屋顶：常规 125mm"，单击属性面板中的"编辑类型"按钮，弹出"类型属性"对话框。单击"复制"按钮，在弹出的"名称"对话框中输入新类型名称"屋顶 150mm"，单击"确定"按钮，返回"类型属性"对话框。单击"结构"参数右侧的"编辑"按钮，弹出"编辑部件"对话框，设置"结构 [1]"对应的材质为"钢筋混凝土"，设置厚度为 120；插入新一层功能"面层 1 [4]"，设置其对应的材质为"瓦屋面"，设置厚度为 30，如图 2.47 所示。单击"确定"按钮，返回迹线绘制界面。

	功能	材质	厚度	包络	可变
1	面层 1 [4]	瓦屋面	30.0	☐	☐
2	核心边界	包络上层	0.0		
3	结构 [1]	钢筋混凝土	120.0	☐	☐
4	核心边界	包络下层	0.0		

图 2.47 设置屋顶结构

选择"绘制"面板→"直线"工具，在选项栏设置偏移量为 1000（轮廓线沿绘制线向外偏移 1000mm），沿对应轴线绘制屋顶轮廓迹线（图 2.48）。

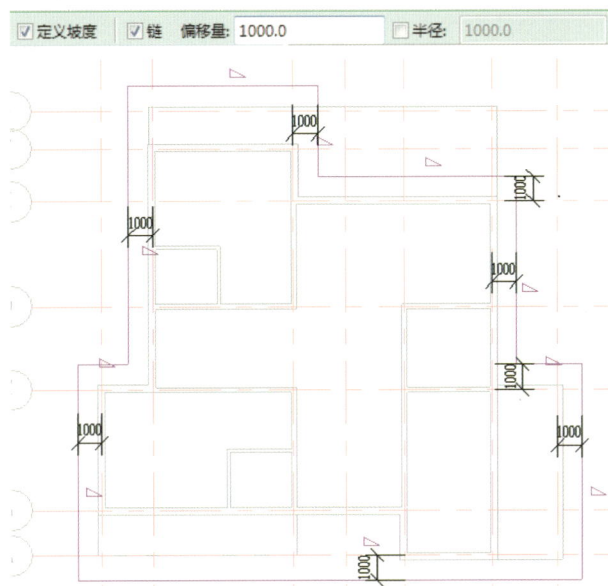

图 2.48　屋顶轮廓

选中绘制的屋顶轮廓迹线，在属性面板中设置"坡度"参数为"1∶2.5"（键盘输入后，按 Enter 键，系统会自动计算出角度为 21.80°）。

单击"完成"按钮✔，即可创建多坡屋顶。

打开"南立面"视图，在南立面中框选三层所有构件，单击"修改 | 选择多个"上下文选项卡"选择"面板→"过滤器"按钮▽，在弹出的"过滤器"对话框中选中"墙"类别，单击"确定"按钮，选中三层所有墙体。

单击"修改 | 墙"上下文选项卡→"修改墙"面板→"附着顶部 / 底部"按钮，选中选项栏中的"顶部"单选按钮，拾取刚创建的屋顶，将墙体附着到屋顶下，如图 2.49 所示，保存文件。

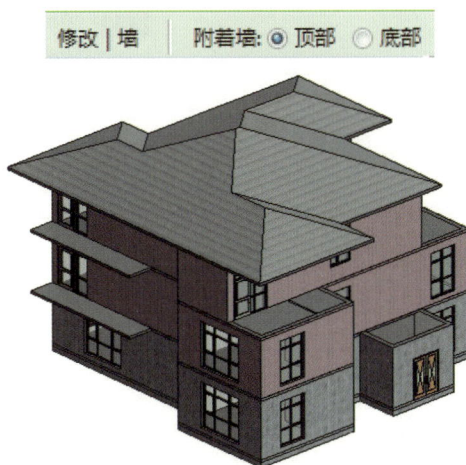

图 2.49　多坡屋顶

2.6.2　拉伸屋顶

1. 创建拉伸屋顶

在项目浏览器中双击 F2，打开二层平面视图。在二层平面视图属性面板中设置"基线"为 F1（图 2.50）。

创建拉伸屋顶

单击"建筑"选项卡→"工作平面"面板→"参照平面"按钮📝，在 8 轴外侧 500mm处绘制一个参照平面。在 E 轴和 D 轴向外 800mm 处各绘制一个参照平面（图 2.50）。

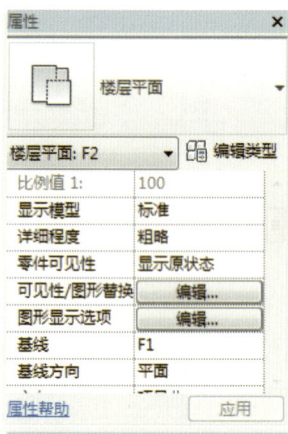

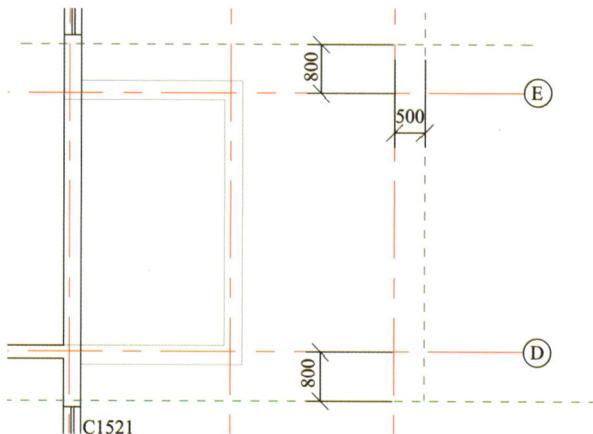

图 2.50　绘制参照平面

单击"建筑"选项卡→"构建"面板→"屋顶"→"拉伸屋顶"按钮，在弹出的"工作平面"对话框中选中"拾取一个平面"单选按钮，单击"确定"按钮，移动光标单击拾取 8 轴外侧的垂直参照平面，在弹出的"转到视图"对话框中选择"立面：东"，单击"打开视图"按钮，进入"东立面"视图（图 2.51）。

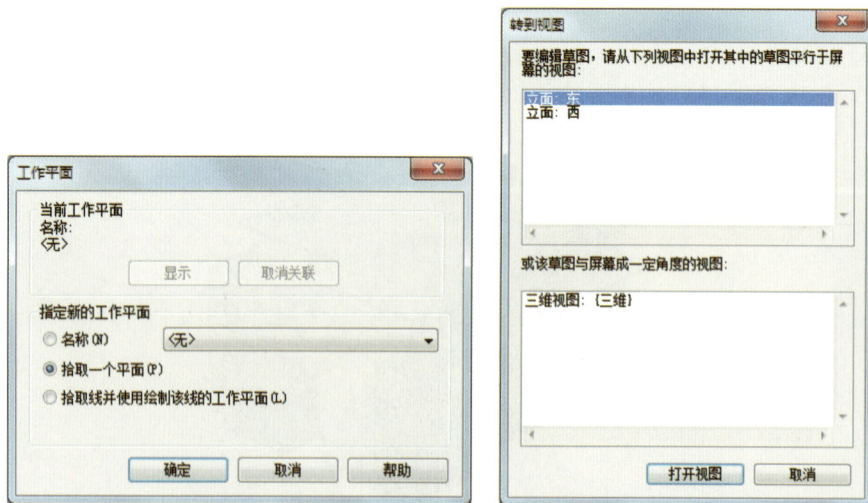

图 2.51　"工作平面"和"转到视图"对话框

在弹出的"屋顶参照标高和偏移"对话框中设置标高为"屋面"，偏移为 0.0（图 2.52）。

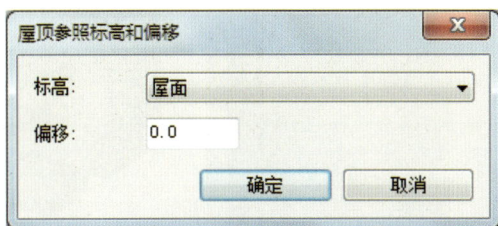

图 2.52　"屋顶参照标高和偏移"对话框

在东立面视图中，在 D 轴、E 轴线外侧可以看到两根竖向的参照平面，这是刚才在 F2 平面视图中绘制的两个参照平面在东立面的投影，用于屋顶创建时的定位。

单击"修改 | 创建拉伸屋顶轮廓"上下文选项卡→"绘制"面板→"直线"按钮，绘制拉伸屋顶截面形状线（图 2.53）。在属性面板中选择屋顶类型为"基本屋顶：屋顶 150mm"，单击"完成编辑模式"按钮✔，创建拉伸屋顶，保存文件。

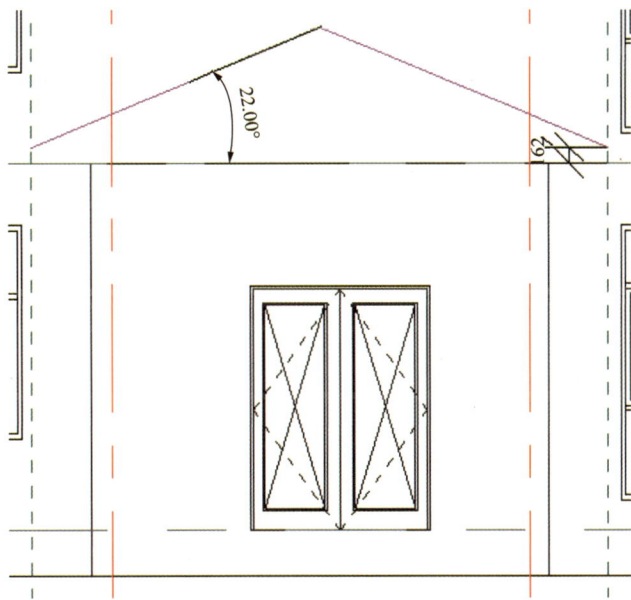

图 2.53　拉伸屋顶轮廓

2. 编辑拉伸屋顶

在三维视图中观察创建的拉伸屋顶，可以看到屋顶长度过长，需要进行修改，具体方法如下。

方法一：打开三维视图，单击"修改"选项卡→"几何图形"面板→"连接 / 取消连接屋顶"按钮，单击拾取过长的屋顶边缘线，单击拾取二层 6 轴所在外墙墙面，即可自动调整屋顶长度，使其端面和二层外墙墙面对齐（图 2.54）。

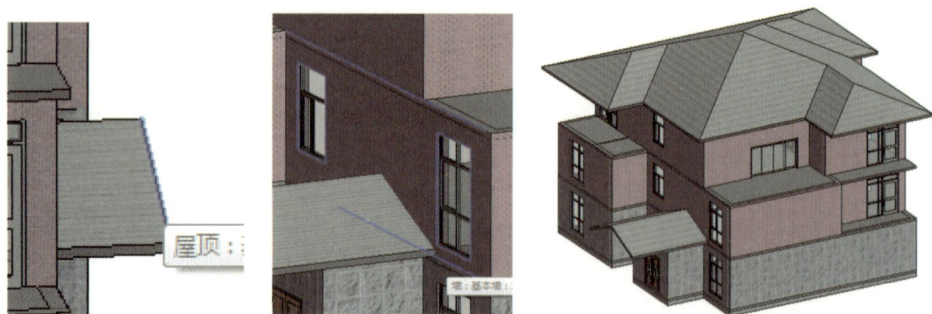

图 2.54 编辑拉伸屋顶（方法一）

方法二：打开三维视图，单击"修改"选项卡→"修改"面板→"对齐"按钮🔳，单击拾取二层 6 轴所在外墙墙面，单击拾取过长的屋顶边缘线，即可自动调整屋顶长度，使其端面和二层外墙墙面对齐（图 2.55）。

图 2.55 编辑拉伸屋顶（方法二）

打开三维视图，按住 Ctrl 键连续单击选择拉伸屋顶下面的三面墙，单击"修改 | 墙"上下文选项卡→"修改墙"面板→"附着顶部 / 底部"按钮🔳，在选项栏中选中"顶部"，单击拉伸屋顶，墙体自动将其顶部附着到屋顶下面，如图 2.56 所示，保存文件。

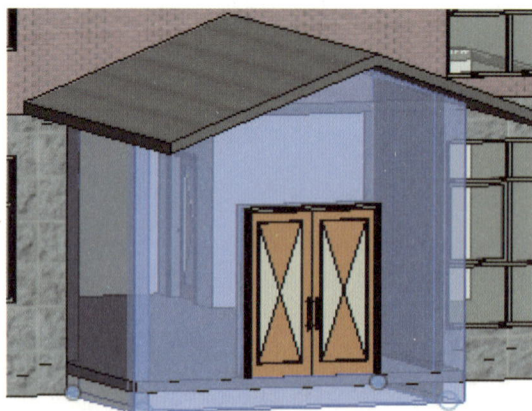

图 2.56 墙体附着到屋顶

任务 2.7　创建幕墙

幕墙是现代建筑设计中被广泛应用的一种建筑构件，由幕墙网格、竖梃和幕墙嵌板组成。在 Revit 中，主要有三种类型幕墙：常规幕墙、规则幕墙和面幕墙。其中，常规幕墙是墙体的一种特殊类型，其绘制方法和常规墙体基本相同。

创建幕墙

打开"别墅 01"项目的 F1 平面视图，单击"建筑"选项卡→"构建"面板→"墙"按钮，在属性面板中选择墙体类型为"幕墙"，单击属性面板中的"编辑类型"按钮，弹出"类型属性"对话框，单击"复制"命令，创建新的幕墙类型，输入名称为"MQ1015"。

在"类型属性"对话框中设置相关参数如下（图 2.57）。

构造：选中"自动嵌入"；

垂直网格："布局"设置为"固定距离"，"间距"设置为 1000；

水平网格："布局"设置为"固定距离"，"间距"设置为 1500；

垂直竖梃（水平竖梃）："内部类型"选择"矩形竖梃：30mm 正方形"，"边界 1 类型"和"边界 2 类型"选择"矩形竖梃：30mm 正方形"。

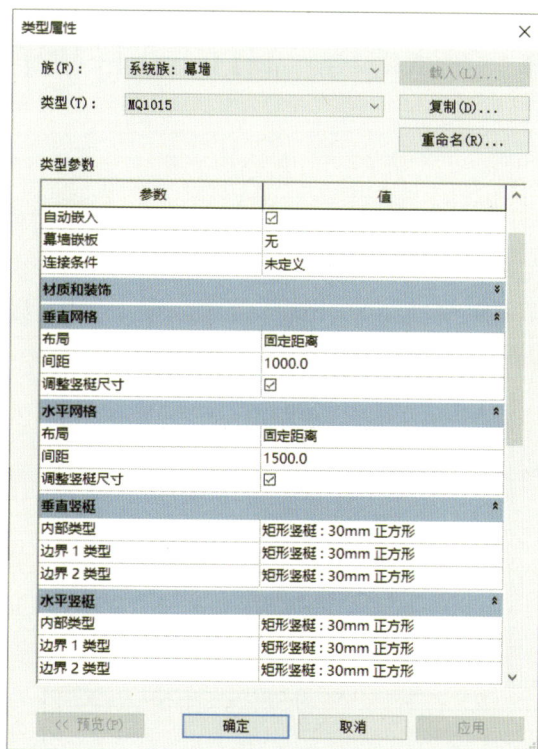

图 2.57　设置幕墙参数

参数设置完毕，单击"确定"按钮，关闭对话框。在属性面板中设置幕墙的"底部限制条件"为 F1，"底部偏移"为 300，"顶部约束"为"直到标高：F3"，"顶部偏移"为 -600。设置完毕后，单击捕捉两点绘制幕墙（图 2.58）。

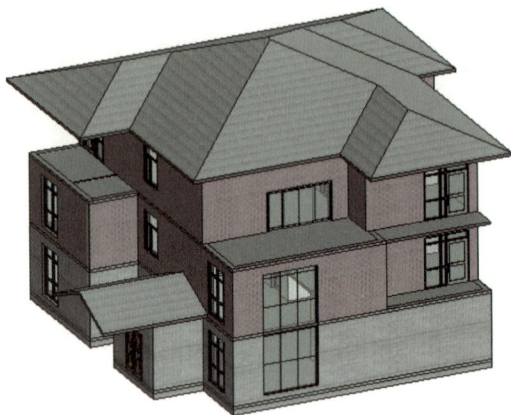

图 2.58　绘制幕墙

同理，绘制 B 轴所在幕墙。

任务 2.8　创建楼梯、洞口、栏杆扶手、台阶

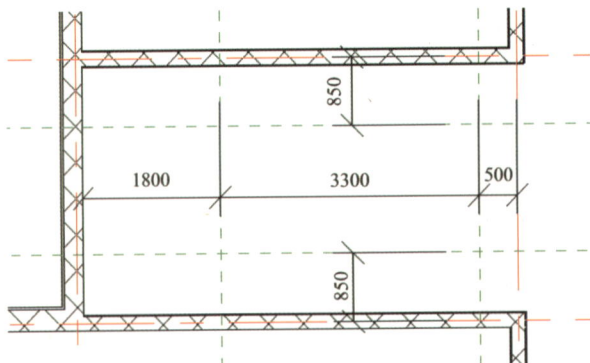

2.8.1　楼梯

打开 F1 平面视图，单击"建筑"选项卡→"工作平面"面板→"参照平面"按钮，选择"直线"命令，在 C 轴、D 轴之间绘制两条水平参照平面作为辅助线，参照平面距离轴线 850mm。同理，在 2 轴、3 轴之间绘制两个参照平面，位置如图 2.59 所示。

创建楼梯、洞口

图 2.59　绘制楼梯间参照平面

单击"建筑"选项卡→"楼梯坡道"面板→"楼梯（按草图）"按钮，进入绘制草图模式。在属性面板中选择楼梯类型为"整体浇筑楼梯"，单击"编辑类型"按钮，在弹出的"类型属性"对话框中设置"踏板材质""踢面材质""整体式材质"为"钢筋混凝土"，"踏板厚度"为 30，选中"开始于踢面""结束于踢面"，"踢面厚度"为 30，"平台斜梁高度"为 180（图 2.60）。

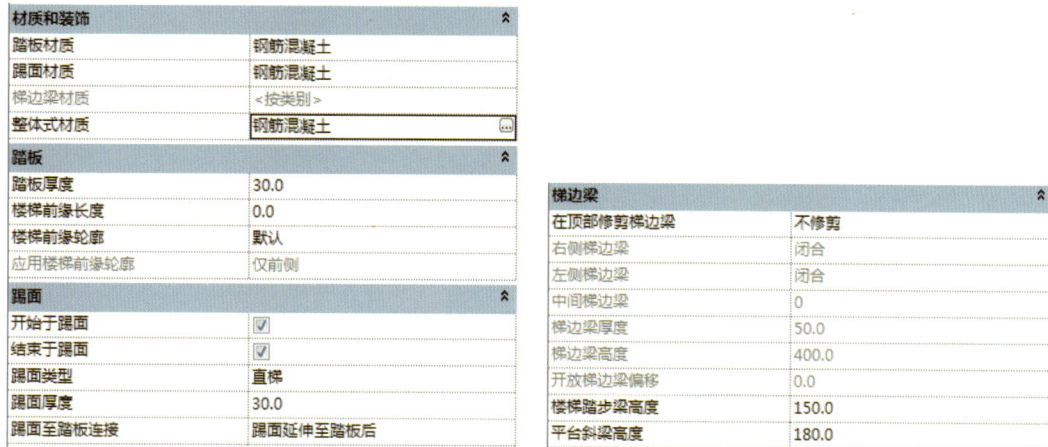

材质和装饰	
踏板材质	钢筋混凝土
踢面材质	钢筋混凝土
梯边梁材质	<按类别>
整体式材质	钢筋混凝土
踏板	
踏板厚度	30.0
楼梯前缘长度	0.0
楼梯前缘轮廓	默认
应用楼梯前缘轮廓	仅前侧
踢面	
开始于踢面	✓
结束于踢面	✓
踢面类型	直梯
踢面厚度	30.0
踢面至踏板连接	踢面延伸至踏板后

梯边梁	
在顶部修剪梯边梁	不修剪
右侧梯边梁	闭合
左侧梯边梁	闭合
中间梯边梁	0
梯边梁厚度	50.0
梯边梁高度	400.0
开放梯边梁偏移	0.0
楼梯踏步梁高度	150.0
平台斜梁高度	180.0

图 2.60　设置楼梯参数

依次单击"应用""确定"按钮，关闭对话框。

在属性面板中设置楼梯的"底部标高"为 F1，"顶部标高"为 F2，"宽度"为 1500，"所需踢面数"为 24，"实际踏板深度"为 300（图 2.61）。单击"工具"面板→"栏杆扶手"按钮，在弹出的对话框中选择"玻璃嵌板 – 底部填充"类型的栏杆。

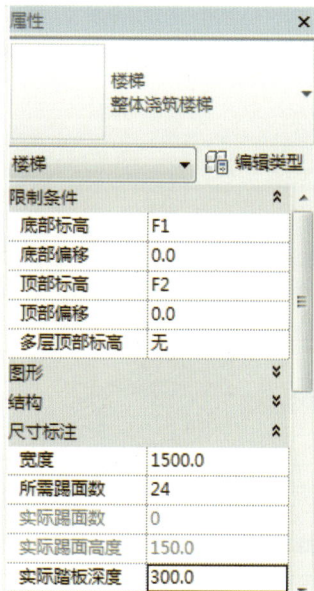

属性		×
	楼梯 整体浇筑楼梯	
楼梯		编辑类型
限制条件		
底部标高	F1	
底部偏移	0.0	
顶部标高	F2	
顶部偏移	0.0	
多层顶部标高	无	
图形		
结构		
尺寸标注		
宽度	1500.0	
所需踢面数	24	
实际踢面数	0	
实际踢面高度	150.0	
实际踏板深度	300.0	

图 2.61　设置楼梯尺寸

绘制楼梯。单击"绘制"面板→"梯段"按钮,选择"直线"命令,单击楼梯间右上角参照平面交点作为第一跑起点,水平向左移动光标,直到光标附近出现灰色显示"创建了 12 个踢面,剩余 12 个"时,单击捕捉该点作为第一跑终点。垂直向下移动光标至左下角参照平面交点处,单击作为第二跑起点,水平向右移动光标至右下角参照平面交点,此时,光标附近出现灰色显示"创建了 24 个踢面,剩余 0 个",单击完成楼梯梯段的绘制(图 2.62)。

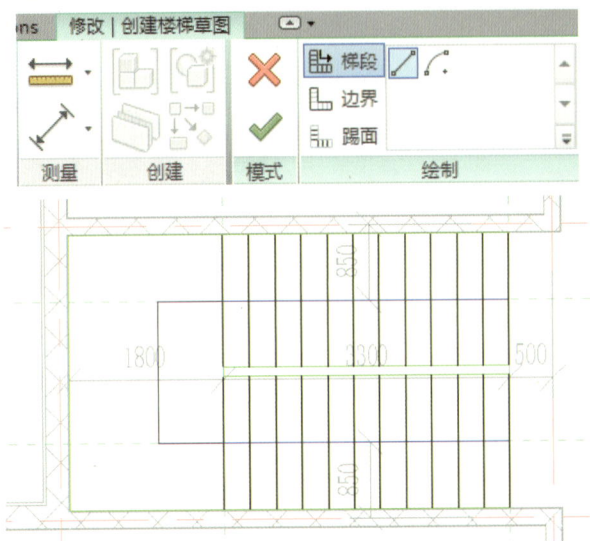

图 2.62 绘制楼梯

此时,系统会自动创建休息平台草图。单击"对齐"按钮,依次单击左侧楼梯间内墙面及休息平台绿色边界线,将休息平台的绿色边界线与左侧墙体内边界对齐。单击"完成编辑模式"按钮 ✔,创建一层楼梯。选择靠墙一侧的栏杆扶手,将其删除,效果如图 2.63 所示。

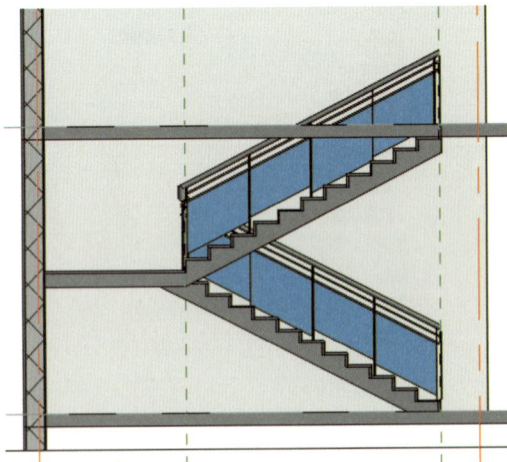

图 2.63 一层楼梯

打开 F1 平面视图，选择一层楼梯，设置属性参数，设置参数"多层顶部标高"为 F3。单击"应用"按钮，即可自动创建其余楼层楼梯和扶手，如图 2.64 所示，保存文件。

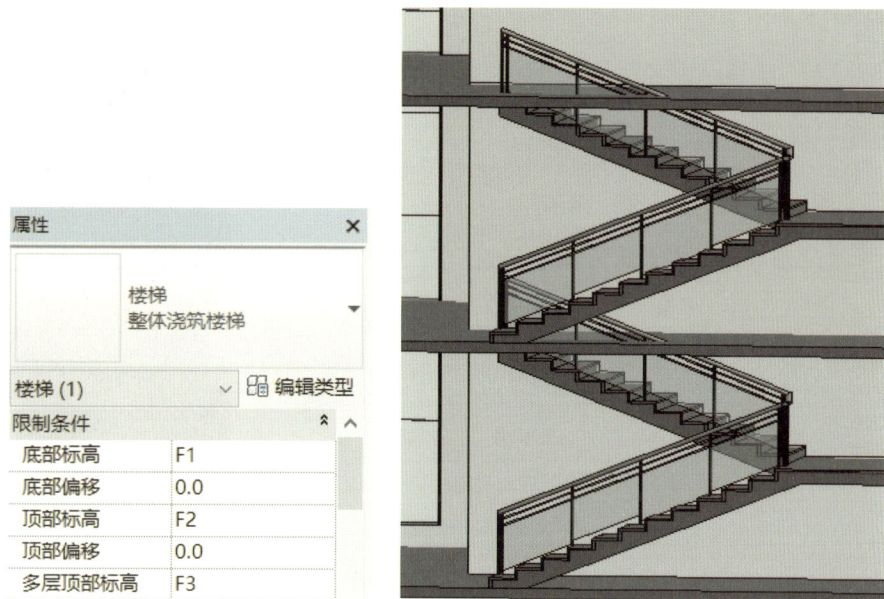

图 2.64　楼梯

2.8.2　洞口

在楼梯处开竖井洞口：打开 F1 平面视图，单击"建筑"选项卡→"洞口"面板→"竖井"按钮，进入绘制界面。选择"直线"命令，按照楼梯轮廓绘制洞口边界（图 2.65），单击"完成编辑模式"按钮，完成创建。

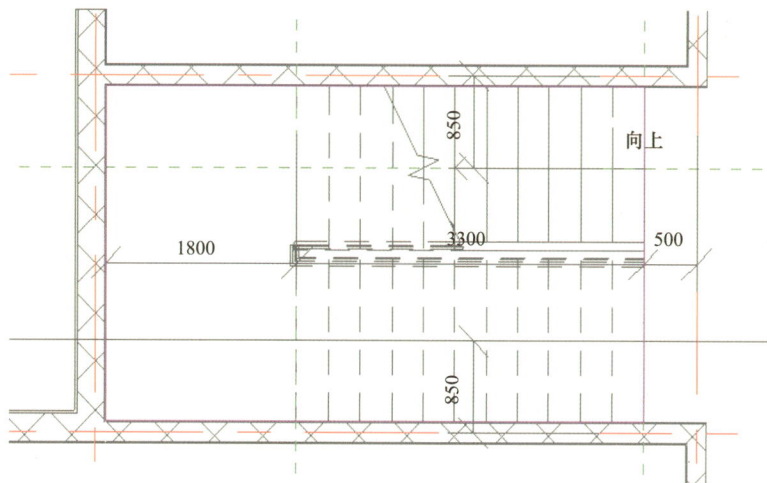

图 2.65　绘制洞口边界

在三维视图属性面板中选中"剖面框"，单击剖面框上的控制符号◀▶，调整到合适的剖切位置，观察楼梯和洞口。

选中绘制的竖井洞口，调整属性面板参数，设置"底部限制条件"为F1，"顶部约束"为"直到标高：F3"，如图2.66所示。

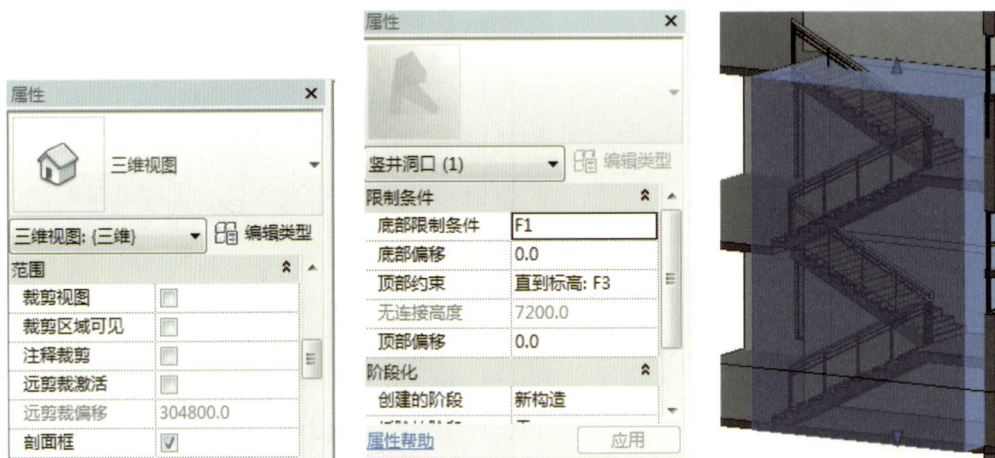

图 2.66　洞口

2.8.3　栏杆扶手

打开F2平面视图，单击"建筑"选项卡→"楼梯坡道"面板→"栏杆扶手"→"绘制路径"按钮，进入路径绘制界面。在属性面板中选择"玻璃嵌板–底部填充"的栏杆扶手类型，单击"编辑类型"按钮，在弹出的"类型属性"对话框中设置顶部扶栏高度为1050（图2.67）。单击"确定"按钮，关闭对话框。

类型参数	
参数	值
构造	
栏杆扶手高度	1050.0
扶栏结构(非连续)	编辑...
栏杆位置	编辑...
栏杆偏移	0.0
使用平台高度调整	否
平台高度调整	0.0
斜接	添加垂直/水平线段
切线连接	延伸扶手使其相交
扶栏连接	修剪
顶部扶栏	
高度	1050.0
类型	椭圆形 - 40x30mm

图 2.67　设置扶栏高度

单击"绘制"面板→"直线"按钮，绘制北侧阳台栏杆扶手路径（图 2.68），单击"完成编辑模式"按钮✔，完成栏杆扶手的绘制。同理，绘制左侧栏杆扶手路径。

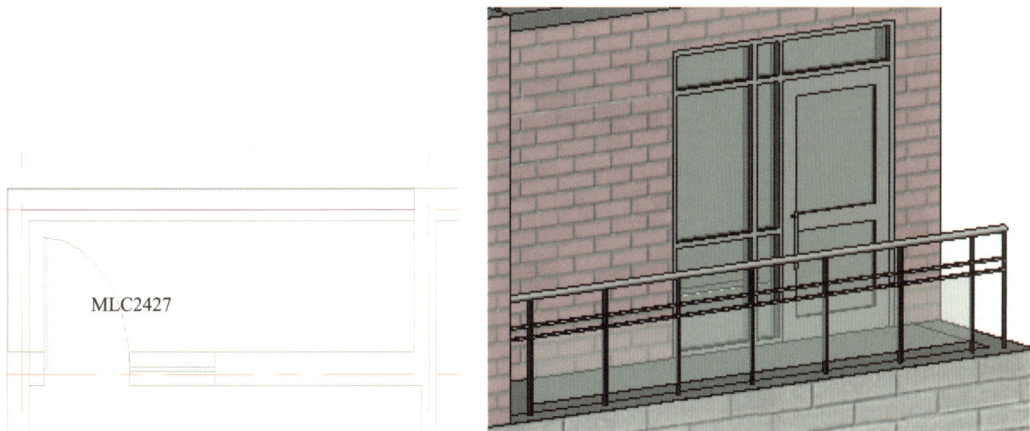

MLC2427

图 2.68　绘制栏杆扶手路径

注意： 栏杆扶手线必须是一条单一且连接的草图。如果要将栏杆扶手分为几个部分，则需要创建两个或多个单独的栏杆扶手。

打开三维视图，选择绘制完毕的二层栏杆扶手，单击"修改 | 栏杆扶手"上下文选项卡→"剪贴板"面板→"复制到剪贴板"按钮▤，再单击"剪贴板"面板→"粘贴"→"与选定的标高对齐"按钮▤，在弹出的"选择标高"对话框中选择"F3"，将二层栏杆复制到三层。

同理，绘制二层室内的栏杆扶手、三层楼梯栏杆扶手（图 2.69）。

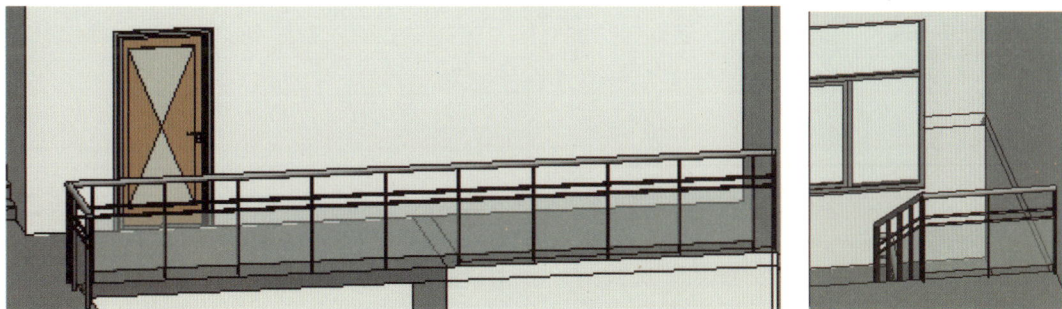

图 2.69　二层、三层栏杆扶手

2.8.4　台阶

打开 F1 平面视图，绘制主入口处（东侧室外）的楼板与台阶。

单击"建筑"选项卡→"楼板"按钮，进入楼板绘制模式。创建新的楼板类型为"常规 450mm"，选择"绘制"面板→"直线"命令，绘制楼板轮廓（图 2.70）。单击"完成"按钮✔，完成绘制。

创建台阶

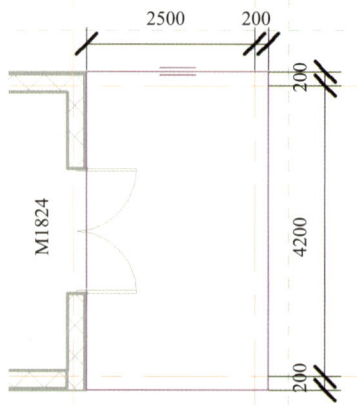

图 2.70　绘制东侧室外楼板轮廓

打开 F1 平面视图，单击"建筑"选项卡→"构件"面板→"内建模型"按钮，在弹出的"族类别和族参数"对话框中选择"常规模型"类型，单击"确定"按钮，在弹出的"名称"对话框中将其命名为"台阶"（图 2.71），进入族编辑器模式。

图 2.71　"族类别和族参数"和"名称"对话框

单击"放样"按钮，在弹出的"修改 | 放样"上下文选项卡中选择"绘制路径"命令，沿台阶轮廓绘制路径。单击"完成编辑模式"按钮✔，完成路径绘制。单击"编辑轮廓"按钮，在弹出的"转到视图"对话框中选择"立面：东"，单击"打开视图"按钮，切换至东立面视图（图 2.72）。

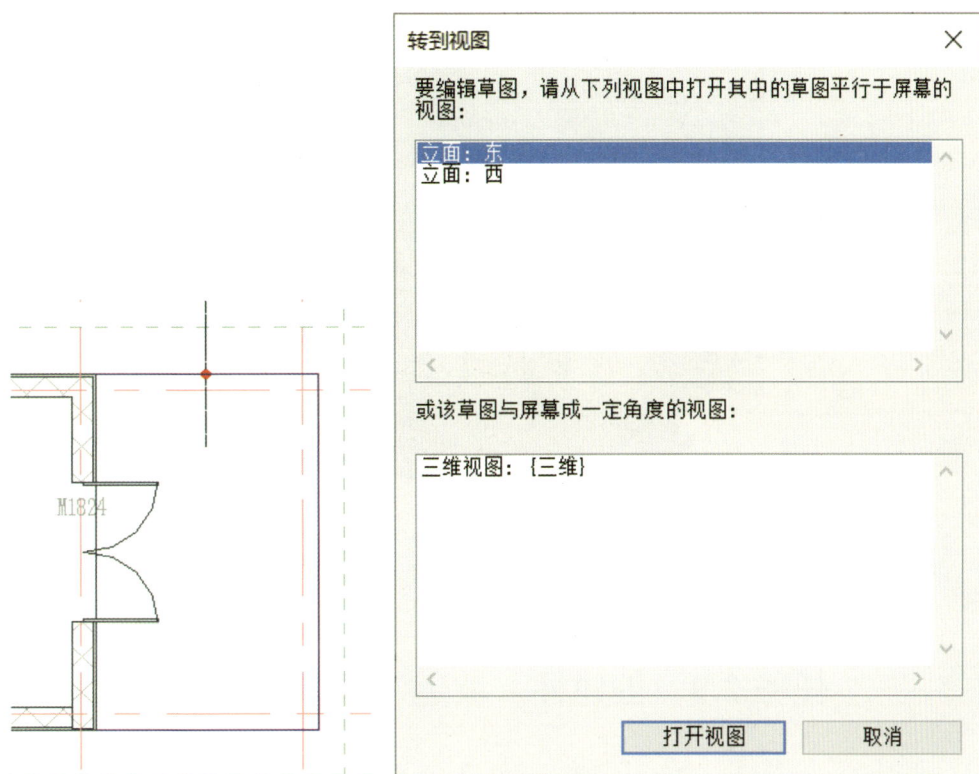

图 2.72　台阶放样路径

　　单击"修改 | 放样 > 编辑轮廓"上下文选项卡→"绘制"面板→"直线"按钮，绘制台阶轮廓（图 2.73）。绘制完成后单击两次"完成编辑模式"按钮✔，在属性面板中设置台阶材质为"钢筋混凝土"。单击"完成模型"按钮，退出编辑。

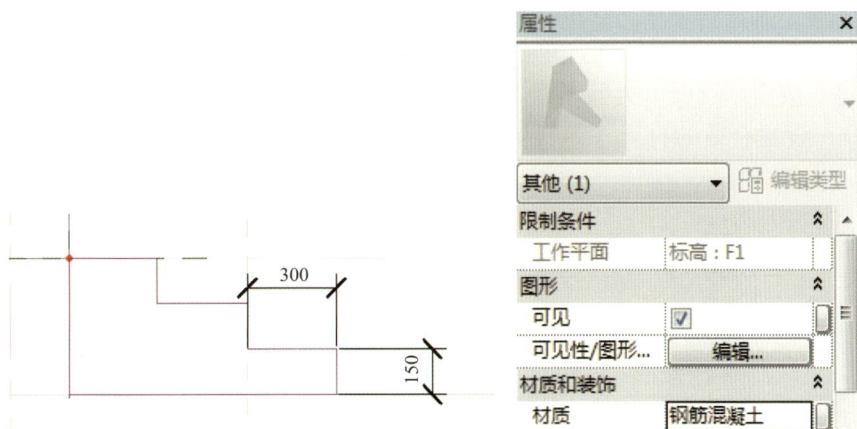

图 2.73　绘制台阶轮廓

　　单击"修改"选项卡→"几何图形"面板→"连接"→"连接几何图形"按钮，连接室外楼板与台阶，效果如图 2.74 所示。

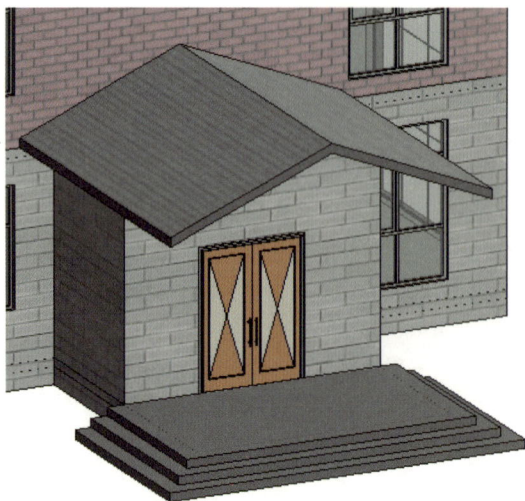

图 2.74　入口台阶

任务 2.9　创建柱、坡道、散水、雨棚

2.9.1　柱

创建柱

1. 一层柱体

打开 F1 平面视图，单击"建筑"选项卡→"构建"面板→"柱"→"建筑柱"按钮，在类型选择器中选择柱类型"矩形柱：610×610mm"。单击属性面板中的"编辑类型"按钮，弹出"类型属性"对话框，单击"复制"按钮，输入新类型名称"400×400mm"。单击"确定"按钮，返回"类型属性"对话框。修改矩形柱的"深度""宽度"均为 400（图 2.75），设置合适的材质（如石材等），单击"确定"按钮，关闭对话框。

图 2.75　柱参数

在属性面板中设置矩形柱的"底部标高"为 F1，"顶部标高"为 F2，移动光标分别捕捉 E 轴与 8 轴、D 轴与 8 轴的交点，单击放置建筑柱（图 2.76）。

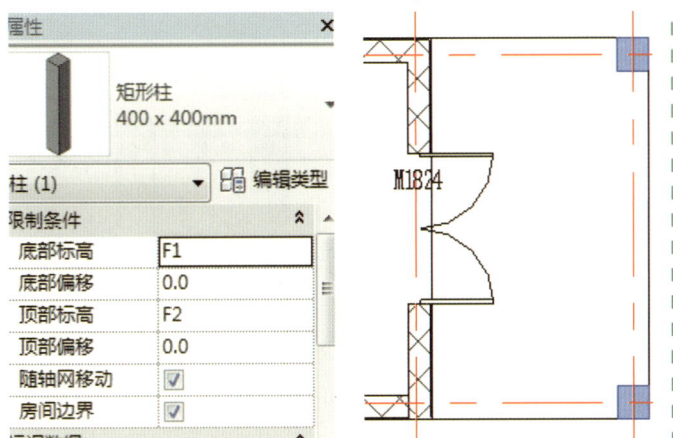

图 2.76　一层入口建筑柱

打开三维视图，选择两根矩形柱，单击"修改 | 柱"上下文选项卡→"修改柱"面板→"附着顶部 / 底部"按钮，在选项栏设置"附着对正"为"最大相交"，单击拾取上面的屋顶，将矩形柱附着于屋顶下面，完成后的入口柱如图 2.77 所示，保存文件。

图 2.77　一层东侧入口

同理，绘制一层其他位置的柱体。

2. 三层柱体

打开 F3 平面视图，创建三层露台建筑柱。

单击"建筑"选项卡→"构建"面板→"柱"→"建筑柱"按钮，在类型选择器中选择柱类型"矩形柱：610×610mm"。单击属性面板中的"编辑类型"按钮，弹出"类型属性"对话框，单击"复制"按钮，创建名为"200×300mm"的矩形柱。修改矩形柱的"深度"为 200，"宽度"为 300，设置合适的材质。单击"确定"按钮，关闭对话框。

移动光标捕捉 G 轴与 4 轴的交点，单击"放置建筑柱"。选择 4 轴上的柱，单击"复制"命令，在 4 轴上单击捕捉一点作为复制的基点，水平向右移动光标，输入"4300"后按 Enter 键，复制一个建筑柱（图 2.78）。

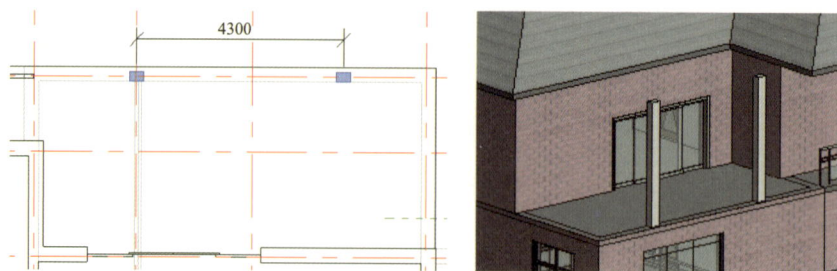

图 2.78 三层雨棚柱

同理创建"200×200mm"的矩形柱，移动光标捕捉 G 轴与 3 轴的交点，单击放置。利用复制命令，沿 3 轴复制出 3 个矩形柱，间隔 400（图 2.79）。选中 4 根柱子，将其附着到屋顶。

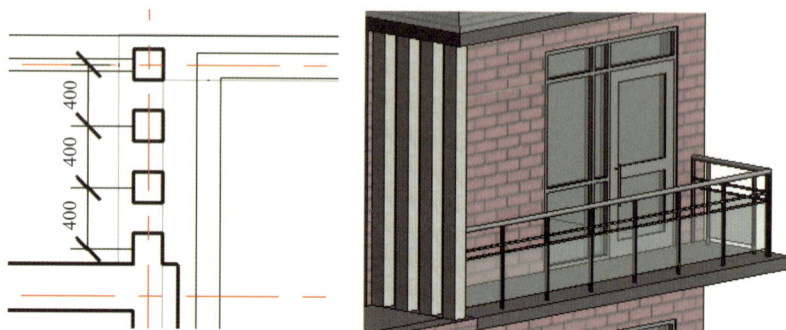

图 2.79 三层装饰柱

2.9.2 坡道

打开 F1 平面视图，单击"建筑"选项卡→"楼梯坡道"面板→"坡道"按钮，进入草图绘制模式。

在属性面板中设置"底部标高"为"室外地坪"，"顶部标高"为 F1，"宽度"为 4000（图 2.80）。

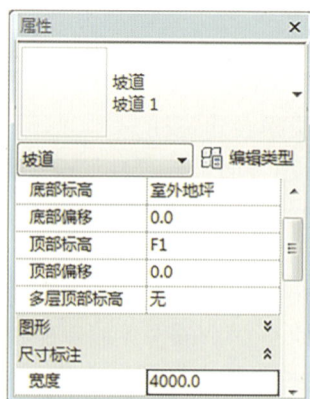

图 2.80 设置坡道尺寸

单击"编辑类型"按钮，弹出"类型属性"对话框，设置"造型"为"实体"，"坡道最大坡度（1/X）"为 3（图 2.81），设置完成后单击"确定"按钮，关闭对话框。

构造		仒
造型	实体	▼
厚度	150.0	
功能	内部	
图形		仒
材质和装饰		仒
坡道材质	钢筋混凝土	
尺寸标注		仒
最大斜坡长度	12000.0	
坡道最大坡度(1/x)	3.000000	

图 2.81 设置坡道参数

单击"工具"面板→"栏杆扶手"按钮，在弹出的"栏杆扶手"对话框中选择栏杆扶手的样式为"无"，单击"确定"按钮，关闭对话框。

单击"绘制"面板→"梯段"按钮，选择"直线"工具，将光标移动到绘图区域中，从左向右绘制坡道梯段，单击"完成"按钮，创建坡道（图 2.82），保存文件。

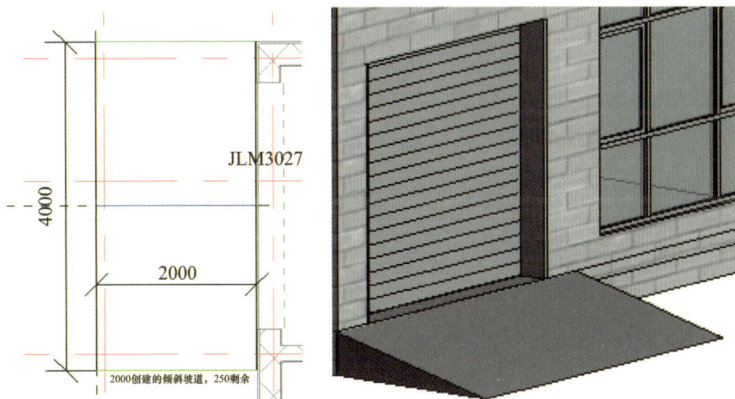

图 2.82 创建坡道

2.9.3 散水

打开"室外地坪"平面视图，单击"建筑"选项卡→"构建"面板→"楼板"按钮，在属性面板中创建新的楼板类型为"散水"，在"类型属性"对话框中单击"结构"右侧的"编辑"按钮，弹出"编辑部件"对话框，设置厚度为 150mm，选中"可变"复选框（图 2.83），单击"确定"按钮，关闭对话框。

创建散水

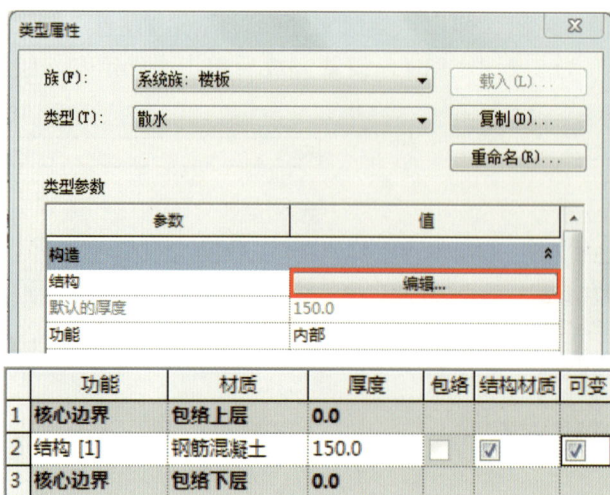

图 2.83　设置散水参数

单击"修改 | 创建楼层边界"上下文选项卡→"绘制"面板→"拾取线"按钮，依次单击拾取外墙轮廓线（图 2.84）。

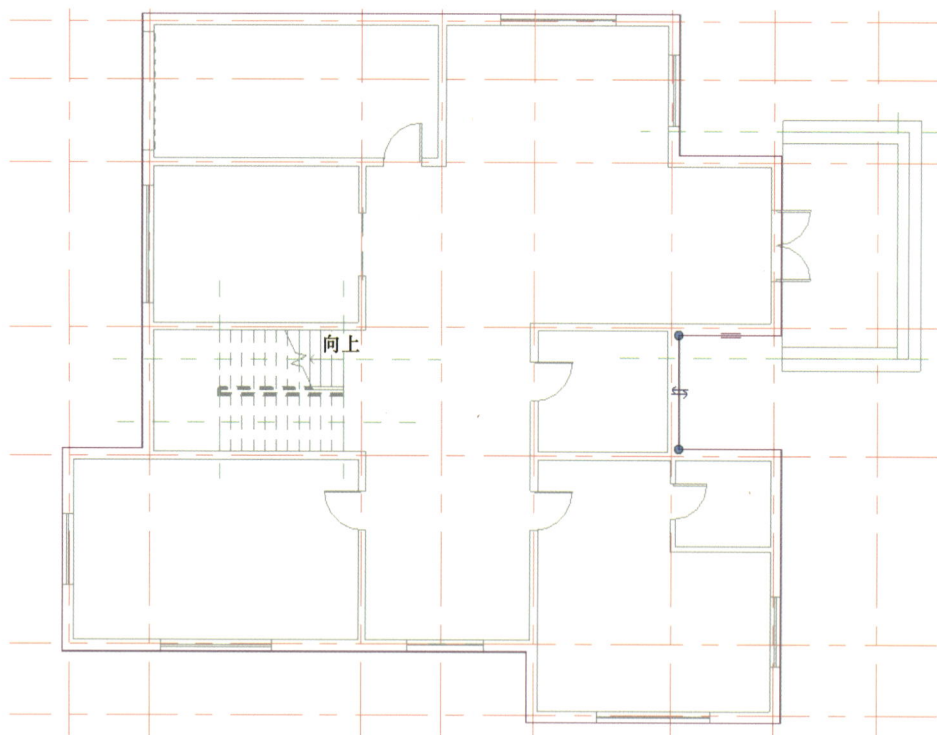

图 2.84　散水轮廓线

单击"修改"面板→"偏移"按钮，在选项栏中设置偏移值为 1000，光标移动至一条轮廓线上，当出现蓝色虚线时，按 Tab 键全选轮廓，此时单击，则所有轮廓线向外偏移 1000（图 2.85）。

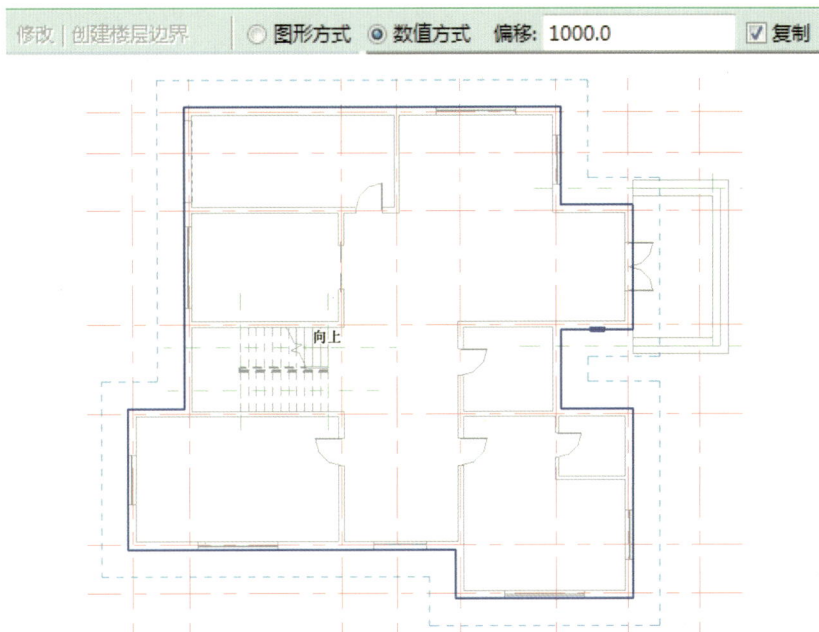

图 2.85　偏移轮廓线

对轮廓线进行修改，注意扣除坡道及入口楼板与台阶，最终效果如图 2.86 所示。

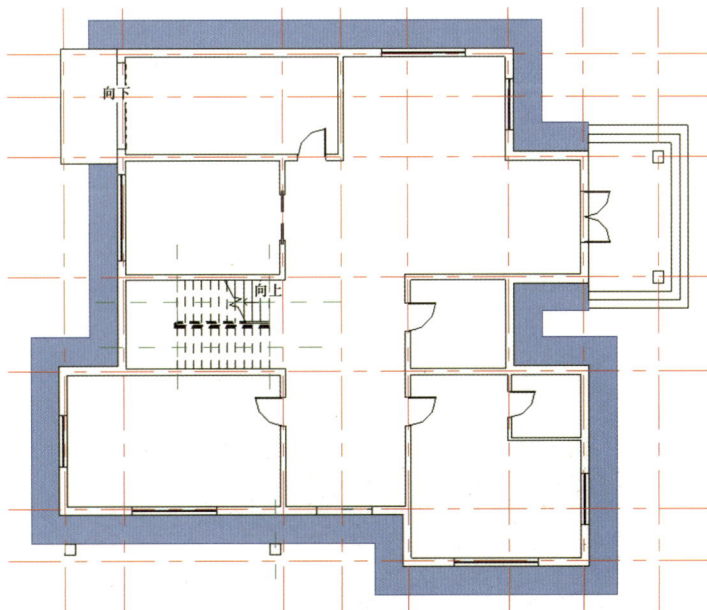

图 2.86　散水轮廓

选择绘制的平楼板，在属性面板中设置"标高"为"室外地坪"，"自标高的高度偏移"为 150。

选择刚绘制的平楼板散水，单击"修改|楼板"上下文选项卡→"形状编辑"面板→"添加分割线"按钮🖊，此时楼板边界变成绿色虚线显示，在内外层轮廓间绘制添加分割线（图 2.87）。

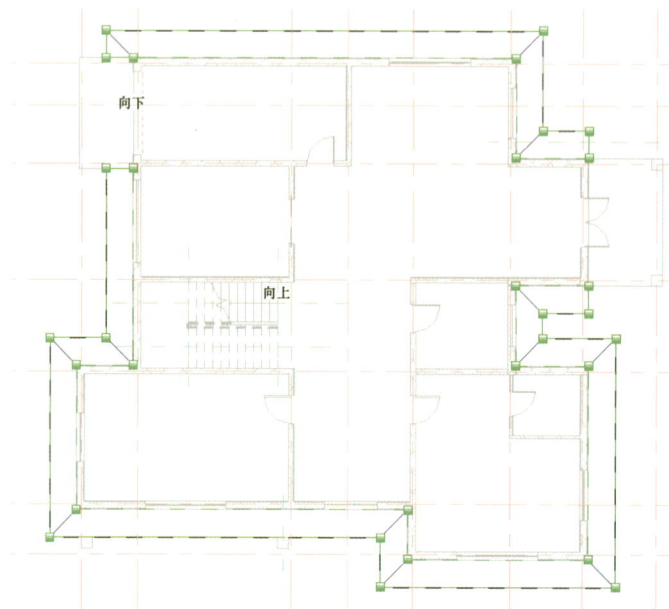

向下

向上

图 2.87　添加分割线

注意：可以利用"添加点"工具添加轮廓中不足的点。

单击"形状编辑"面板→"修改子图元"按钮👷，分别单击外侧轮廓线上的点，当出现蓝色临时相对高程值（默认为 0）时，单击数字，输入"-150"，按 Enter 键确认（图 2.88）。

完成后，按 Esc 键结束编辑命令，平楼板变为散水，效果如图 2.89 所示。

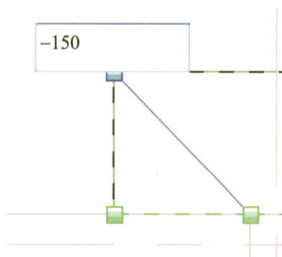

-150

图 2.88　修改子图元

图 2.89　散水

2.9.4　雨棚

创建雨棚

1．雨棚玻璃

在项目浏览器中打开 F3 平面视图，单击"建筑"选项卡→"构建"面板→"屋顶"→"迹线屋顶"按钮，在属性面板中选择屋顶类型为"玻璃斜窗"，设置"底部标高"为 F3，"自标高的底部偏移"为 3200（图 2.90）。

图 2.90　设置玻璃斜窗参数

单击"修改 | 创建屋顶迹线"上下文选项卡→"绘制"面板→"矩形"按钮，在选项栏中取消选中"定义坡度"复选框，绘制平屋顶轮廓线（图 2.91）。

图 2.91　雨棚玻璃尺寸

单击"完成编辑模式"按钮，创建雨棚玻璃，保存文件。

2．雨棚工字钢梁

雨棚玻璃下面的支撑工字钢梁可以使用内建模型进行创建。

打开 F3 平面视图，单击"建筑"选项卡→"构建"面板→"构件"→"内建模型"按钮，在弹出的"族类别和族参数"对话框中选择"楼板"族类别（便于柱的附着），命名为"雨棚工字钢"，进入族编辑器模式。

单击"创建"选项卡→"形状"面板→"放样"按钮🎡，选择"放样"面板下的"绘制路径"命令，沿轴线绘制放样路径（图 2.92）。绘制完毕后，单击"完成编辑模式"按钮。

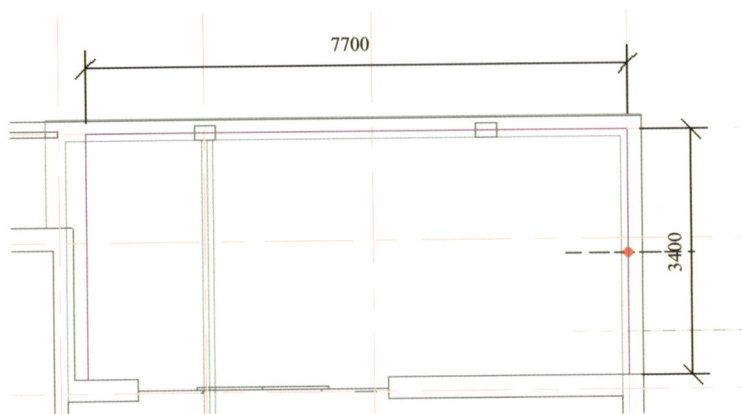

图 2.92　工字钢放样路径

单击"编辑轮廓"按钮，在弹出的"转到视图"对话框中选择"立面：北"，单击"打开视图"按钮，切换至北立面视图。

选择"绘制"面板→"直线"工具，在玻璃雨棚下方绘制工字钢轮廓（图 2.93）。绘制过程中，可以 6 号轴线作为对称轴进行绘制。绘制完成后连续两次单击"完成编辑模式"按钮。在属性面板中设置材质为"钢"。单击"完成模型"按钮，创建工字钢梁。将三层露台的柱附着到工字钢梁。

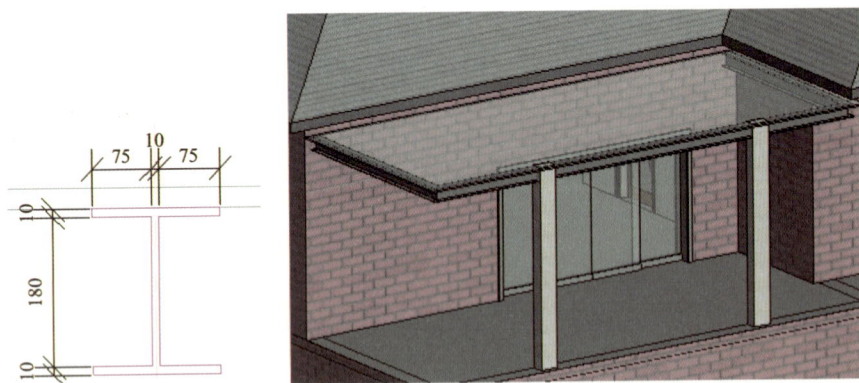

图 2.93　工字钢尺寸

单击"建筑"选项卡→"构建"面板→"构件"→"内建模型"按钮，在弹出的"族类别和族参数"对话框中选择"常规模型"族类别，命名为"工字钢"，进入族编辑器模式。

打开 F3 平面视图，单击"创建"选项卡→"形状"面板→"拉伸"按钮🗋，单击"修改 | 创建拉伸"上下文选项卡→"工作平面"面板→"设置"按钮🗔，在弹出的"工作平面"对话框中选择"拾取一个平面"，单击"确定"按钮。在 F3 平面视图中单击拾取 G 轴，在弹出的"转到视图"对话框中选择"立面：北"，单击"打开视图"按钮，切换至北立面视图。

单击"修改 | 创建拉伸"上下文选项卡→"绘制"面板→"直线"按钮。绘制间隔工字钢的轮廓（图 2.94），绘制完毕后单击"完成"按钮✅。在属性面板中设置材质为"钢"，设置"拉伸终点"为 -3400，"拉伸起点"为 0。单击"完成模型"按钮，完成创建。

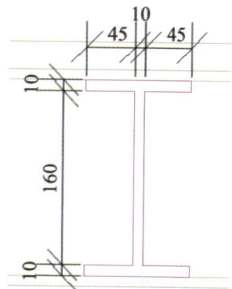

图 2.94　拉伸工字钢截面尺寸

打开 F3 平面视图，在属性面板中单击"视图范围"右侧的"编辑"按钮，在弹出的"视图范围"对话框中设置顶部偏移量为 3200（图 2.95），此时可以在 F3 平面视图中显示绘制的工字钢。

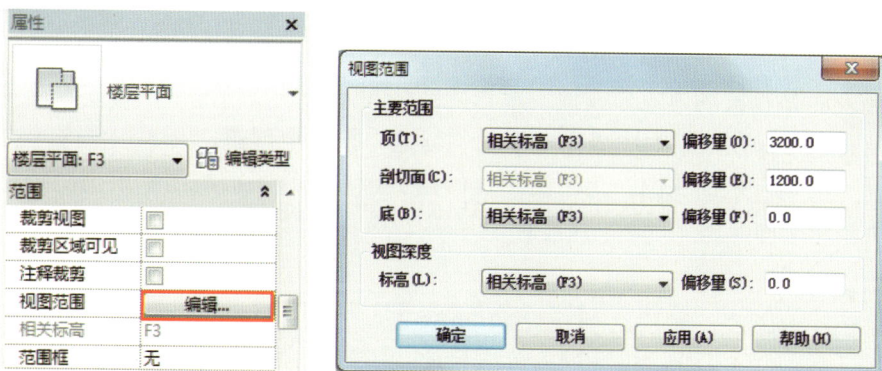

图 2.95　设置 F3 平面视图范围

调整绘制好的工字钢位置，单击拾取工字钢，单击"修改 | 常规模型"上下文选项卡→"修改"面板→"阵列"按钮🎛，在选项栏中取消选中"成组并关联"复选框，设置项目数为 3，选择移动到"最后一个"（图 2.96）。

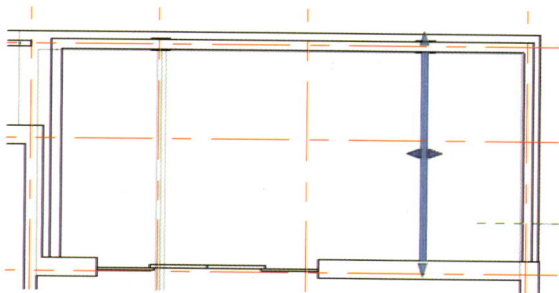

图 2.96　阵列工字钢

单击该工字钢的中点作为参照点，向左移动光标至 4 号轴线时，单击完成阵列（图 2.97）。

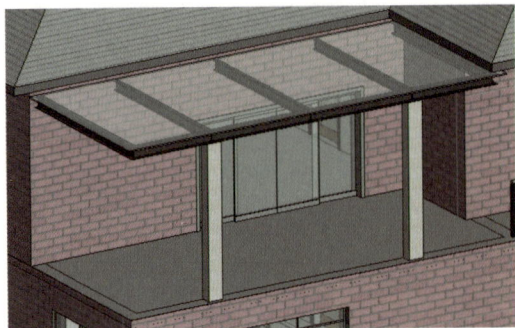

图 2.97　雨棚工字钢

任务 2.10　创建场地

创建场地

2.10.1　地形表面

地形表面是建筑场地地形或地块地形的图形表示。默认情况下，楼层平面视图不显示地形表面，可以在三维视图或在专用的"场地"视图中创建。

打开"场地"平面视图，为了便于点的捕捉，在场地平面视图中根据图纸中的形状绘制七条参照平面（图 2.98），尺寸自拟（图 2.98 中尺寸仅供参考）。

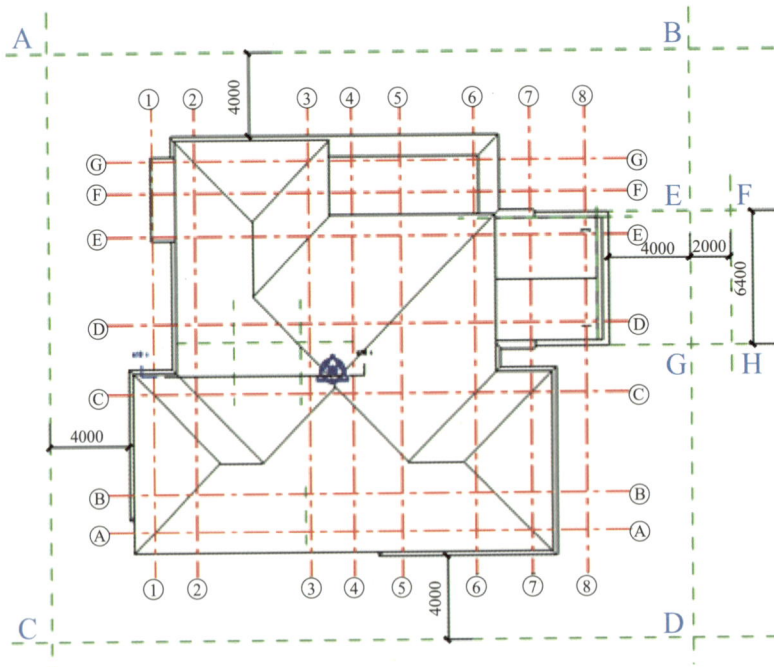

图 2.98　地形参照平面

单击"体量和场地"选项卡→"场地建模"面板→"地形表面"按钮，Revit 将进入草图模式。

单击"放置点"按钮🏠，修改选项栏中的"高程"为 –450，移动光标至绘图区域，依次单击图 2.98 中参照平面相交的八个点，即放置了八个高程为 –450 的点，并形成了以这些点为端点的高程为 –450 的一个地形平面（图 2.99）。按 Esc 键退出当前命令。

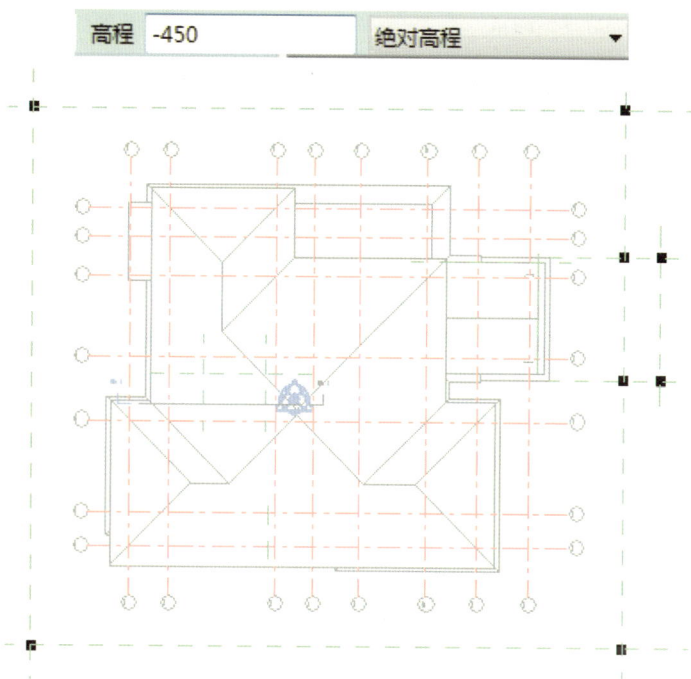

图 2.99　放置高程点

设置属性面板中的"材质"为"场地 – 草地"，单击"完成"按钮✔，完成创建，效果如图 2.100 所示。

图 2.100　地形表面

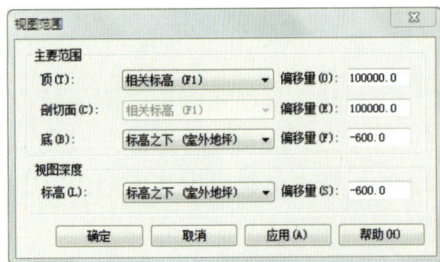

图 2.101　设置场地视图范围

打开"场地"平面视图，在属性面板中设置场地视图范围（图 2.101）：底部偏移量为 –600，视图深度偏移量为 –600。视图中显示出绘制的地形表面。

单击"体量和场地"选项卡→"修改场地"面板→"拆分表面"按钮，选择绘制的地形表面，单击"矩形"按钮▭，依次单击图 2.98 中的 B、F 两点绘制矩形，单击"完成"按钮✔退出。选择右上角拆分出的三角形地形表面，按 Delete 键删除（图 2.102）。

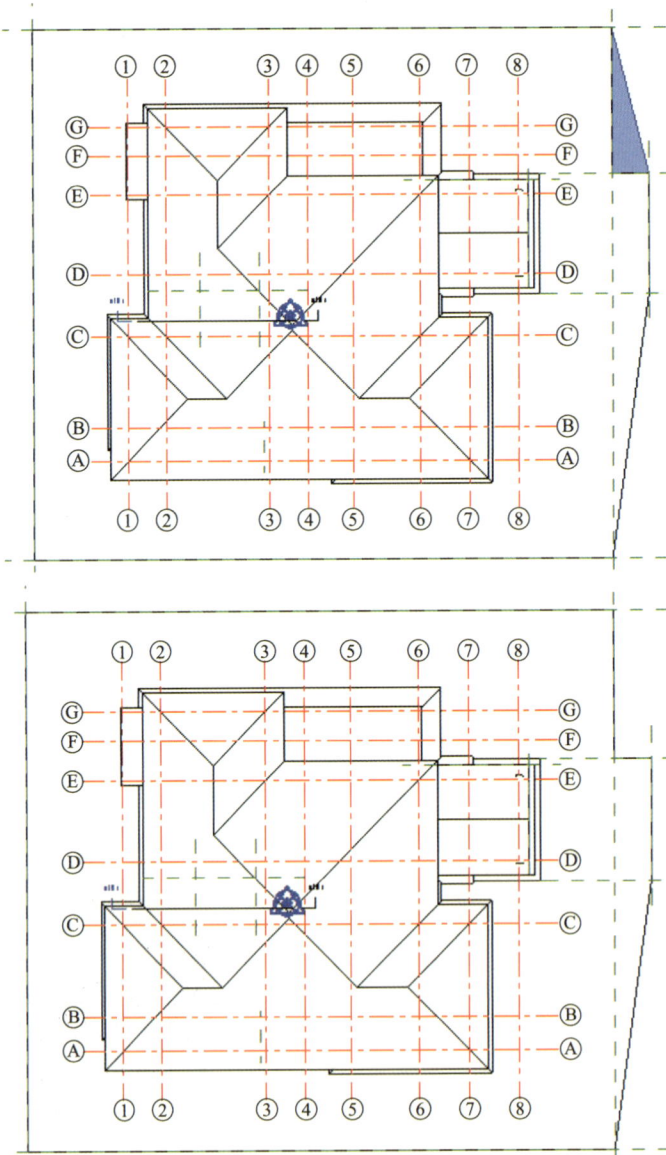

图 2.102　拆分表面

同理，拆分另一侧地形，效果如图 2.103 所示。

图 2.103　拆分地形表面

2.10.2　建筑地坪

"建筑地坪"工具适用于快速创建水平地面、停车场、水平道路等。

打开"室外地坪"视图，单击"体量和场地"选项卡→"场地建模"面板→"建筑地坪"按钮，进入建筑地坪的草图绘制模式。

单击属性面板中的"编辑类型"按钮，在弹出的"类型属性"对话框中单击"结构"右侧的"编辑"按钮，弹出"编辑部件"对话框，修改"结构［1］"材质为"场地 – 碎石"，单击"确定"按钮，关闭对话框。

使用"直线"命令沿建筑物外轮廓绘制建筑地坪轮廓，必须保证轮廓线闭合（图 2.104）。绘制完成后单击"完成"按钮✔退出，保存文件。

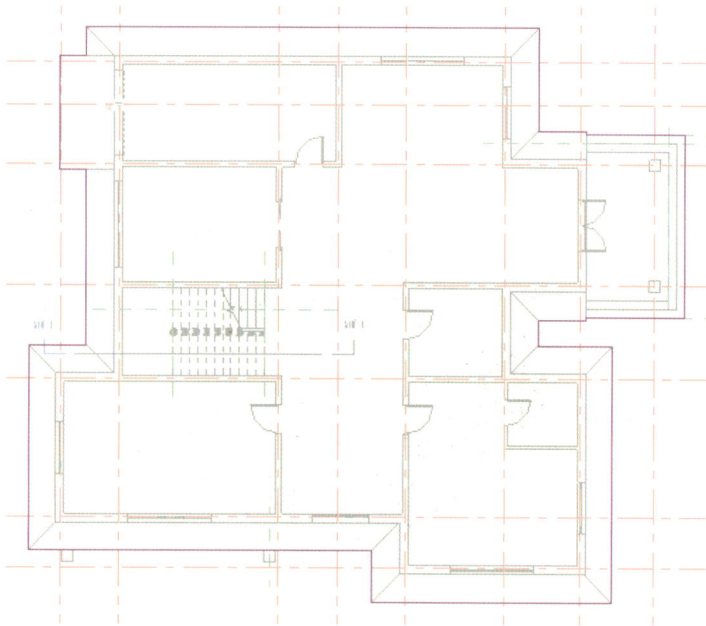

图 2.104　建筑地坪

2.10.3　地形子面域

子面域是在现有地形表面中绘制的区域。例如，可以使用"子面域"工具在地形表面绘制道路或停车场区域。与建筑地坪不同，创建子面域不会生成单独的表面，而是在某区域定义不同属性集（如材质）的地形表面区域。

打开"场地"视图，单击"体量和场地"选项卡→"修改场地"面板→"子面域"按钮，进入草图绘制模式。利用"绘制""修改"面板中的工具绘制子面域轮廓，尺寸自拟（图 2.105 中尺寸仅供参考）。

修改属性面板中的材质为"场地 – 道路"，单击"完成"按钮，完成子面域道路的绘制（图 2.105），保存文件。

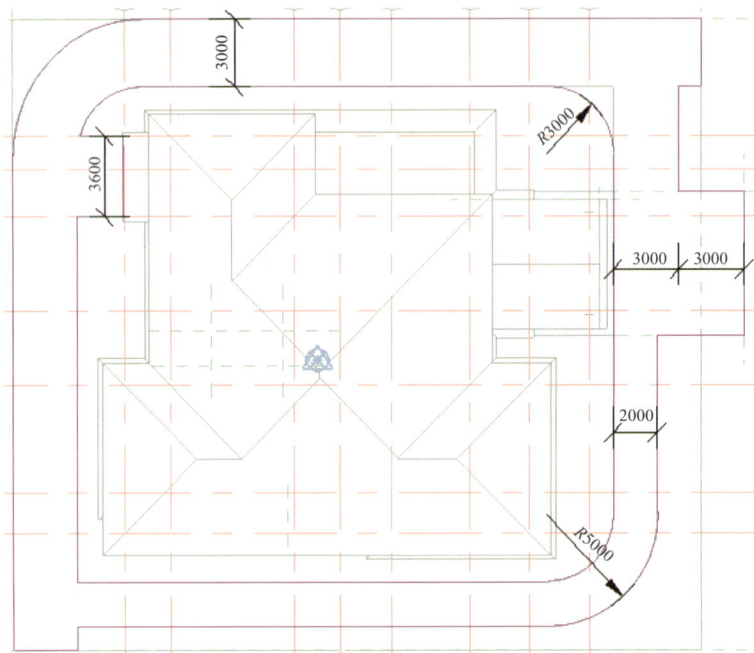

图 2.105　子面域道路

2.10.4　场地构件

打开"场地"视图，单击"体量和场地"选项卡→"场地建模"面板→"场地构件"按钮，在类型选择器中选择需要的构件，也可以通过载入族的方式载入需要的构件。将构件放置在场地中，如图 2.106 所示。

图 2.106　场地构件

项目拓展

1. 编辑轴网

实际工程中，若图纸中的轴线有长短不一或轴号显示情况不同等现象，可采用以下方法进行修改（以本项目为例）。

打开 F1 平面视图，单击选中 2 号轴线，在轴号左下角出现约束锁符号，单击解锁约束锁，光标移动至轴号中的小圈，待其由蓝色变成紫色时，单击选中并拖拽至合适位置，即可调整单根轴线的长度。此时，单击轴号下端的☑符号，则轴线一端的轴号将隐藏显示（图 2.107）。

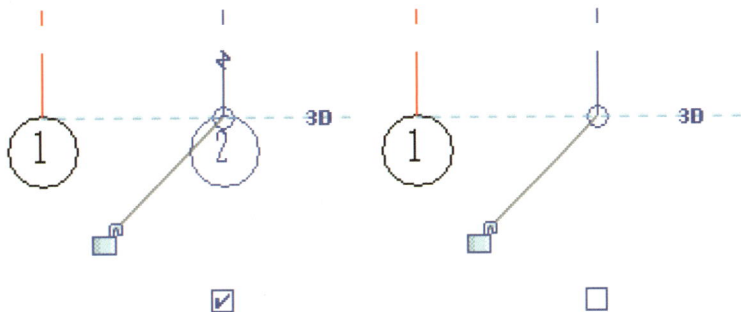

图 2.107　轴线显示编辑

同理，可设置其他轴线。框选全部轴线，单击"修改|轴网"上下文选项卡→"基准"面板→"影响范围"按钮，在弹出的"影响基准范围"对话框中选择相应的楼层平面，单击"确定"按钮，即可使对应楼层平面的轴网显示与一层平面视图保持一致（图2.108）。

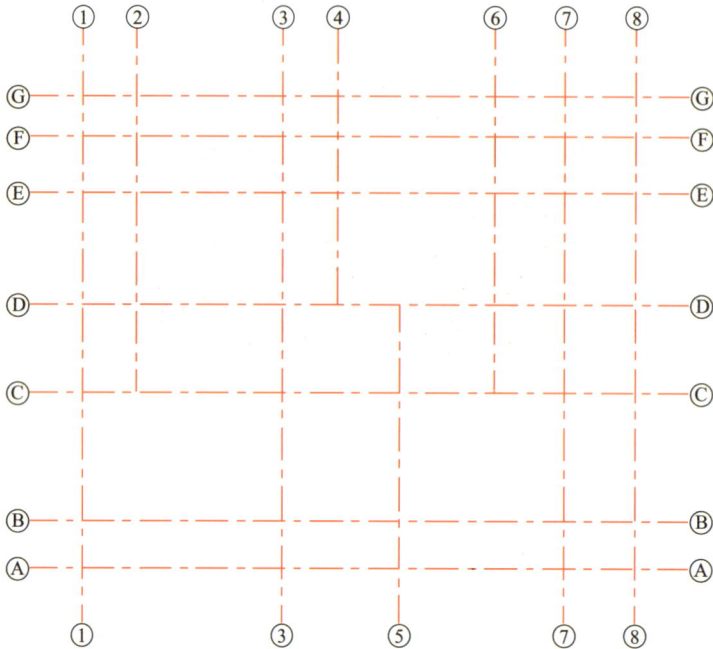

图 2.108 调整后的轴线

2. 设置视图范围

单击楼层平面的属性面板中"视图范围"右侧的"编辑"按钮，在弹出的"视图范围"对话框中进行相应设置，如图 2.109 所示。

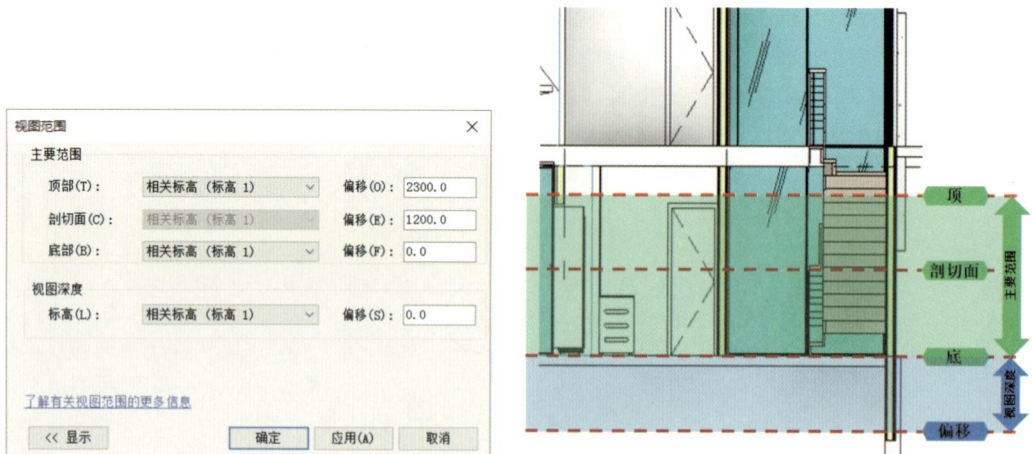

图 2.109 设置视图范围

　　视图范围是可以控制视图中对象的可见性和外观的一组水平平面。水平平面为"顶部平面""剖切面""底部平面"。顶剪裁平面和底剪裁平面表示视图范围的顶部和底部，剖切面是确定视图中某些图元可视剖切高度的平面。这三个平面可以定义视图范围的主要范围。

习　题

1. 下列选项中，（　　）应被用于编辑墙的立面外形。
  A. 表格视图
  B. 图纸视图
  C. 3D 视图或是视平面平行于墙面的视图
  D. 楼层平面视图

2. 由于 Revit 中有内墙面和外墙面之分，因此最好按照（　　）方向绘制墙体。
  A. 顺时针
  B. 逆时针
  C. 根据建筑的设计决定
  D. 顺时针、逆时针都可以

3. 在绘制墙时，要使墙的方向在外墙和内墙之间翻转，应（　　）。
  A. 单击墙体
  B. 双击墙体
  C. 单击蓝色翻转箭头
  D. 按 Tab 键

4. 编辑墙体结构时，可以（　　）。
  A. 添加墙体的材料层
  B. 修改墙体的厚度
  C. 可以添加墙饰条
  D. 以上都可以

5. 以下说法中，有误的是（　　）。
  A. 可以在平面视图中移动、复制、阵列、镜像、对齐门窗
  B. 可以在立面视图中移动、复制、阵列、镜像、对齐门窗
  C. 不可以在剖面视图中移动、复制、阵列、镜像、对齐门窗
  D. 可以在三维视图中移动、复制、阵列、镜像、对齐门窗

6. 用"拾取墙"命令创建楼板，使用（　　）键切换选择，可一次选中所有外墙，单击生成楼板边界。
  A. Tab
  B. Shift
  C. Ctrl
  D. Alt

7. 以下有关"墙"的说法，描述有误的是（　　）。
  A. 当激活"墙"命令以放置墙时，可以从类型选择器中选择不同的墙类型
  B. 当激活"墙"命令以放置墙时，可以在"图元属性"中载入新的墙类型
  C. 当激活"墙"命令以放置墙时，可以在"图元属性"中编辑墙属性
  D. 当激活"墙"命令以放置墙时，可以在"图元属性"中新建墙类型

8. 下列选项中，（ ）不是可设置的墙的类型参数。

    A．粗略比例填充样式   B．复合层结构

    C．材质   D．连接方式

9. 选择墙以后，鼠标拖拽控制柄不可以实现修改的是（ ）。

    A．墙体位置   B．墙体类型

    C．墙体长度和高度   D．墙体内外墙面

10. 关于扶手的描述，错误的是（ ）。

    A．扶手不能作为独立构件添加到楼层中，只能将其附着到主体上，如楼板或楼梯

    B．扶手可以作为独立构件添加到楼层中

    C．可以通过选择主体的方式创建扶手

    D．可以通过绘制的方法创建扶手

11. "标高"命令可用于（ ）。

    A．平面图   B．立面图

    C．透视图   D．以上都可以

12. Revit 提供的创建地形表面的方式有（ ）。

    A．放置点   B．通过导入创建

    C．子面域   D．平整区域

    E．简化表面

项目 *3*

族

🎯 项目完成目标

■ 知识目标

掌握工程制图识图基础知识，理解族的基本概念，了解BIM建模创建构件的类型、构件参数。

■ 能力目标

熟悉构件三维形状的创建方法，掌握族的创建及应用，掌握族属性参数的编辑方法。

■ 素质目标

增强规范操作的职业习惯，培养质量意识；培养创新意识与创造能力。

🔍 项目分析说明

"族"（family）是 Revit 中的一个必要的功能，可以帮助用户更方便地管理和修改搭建的模型。Revit 的每个族文件内都含有很多参数和信息，如尺寸、形状、类型和其他参数变量设置，有助于用户更方便地进行修改。

创建标准构件族的常规步骤如下：选择适当的族样板→定义有助于控制对象可见性的族的子类别→布局有助于绘制构件几何图形的参照平面→添加尺寸标注以指定参数化构件几何图形→全部标注尺寸以创建类型或实例参数→调整新模型以验证

构件行为是否正确→用子类别和实体可见性设置指定二维和三维几何图形的显示特征→通过指定不同的参数定义族类型的变化→保存新定义的族，将其载入新项目并观察运行。

任务 3.1 了解族的基本知识

3.1.1 族简介

Autodesk Revit 中的所有图元都是基于族的。"族"是 Revit 中使用的一个功能强大的概念，有助于用户更轻松地管理数据和进行修改。每个族图元能够在其内定义多种类型，根据族创建者的设计，每种类型可以具有不同的尺寸、形状、材质或其他参数变量。

使用 Autodesk Revit 的一个优点是不必学习复杂的编程语言便能够创建自己的构件族。使用族编辑器，整个族创建过程在预定义的样板中执行，可以根据用户的需要在族中加入各种参数，如距离、材质、可见性等。可以使用族编辑器创建现实生活中的建筑构件和图形。

Autodesk Revit 有三种族类型：系统族、可载入族、内建族。

1. 系统族

系统族可以创建建筑现场装配的基本图元，如墙、屋顶、楼板、风管、管道等（图 3.1）。另外，能够影响项目环境且包含标高、轴网、图纸和视口类型的系统设置也是系统族。系统族是在 Revit 中预定义的，用户不能将其从外部文件载入项目中，也不能将其保存到项目之外的位置。用户可以复制和修改系统族中的类型，以便创建自定义的系统族类型。

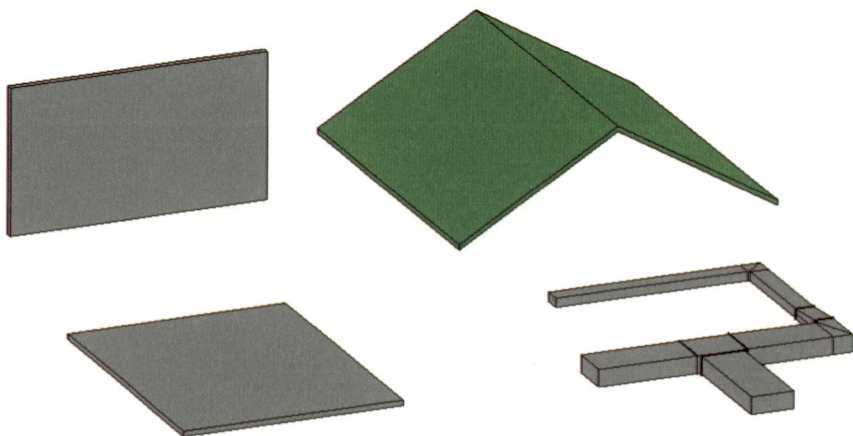

图 3.1 系统族图例

要载入系统族类型，可以将一个或多个选定类型从一个项目或样板中复制并粘贴到另一个项目或样板中，也可以将选定系统族或族的所有系统族类型从一个项目中传递到另一个项目中。

如果在项目或样板之间只有几个系统族类型需要载入，可复制并粘贴这些系统族类型。其基本步骤如下：选中要进行复制的系统族，在"修改 | 图元"上下文选项卡→"剪贴板"面板中进行复制和粘贴（图 3.2）。

图 3.2　"剪贴板"面板

如果要创建新的样板或项目，或者需要传递所有类型的系统族或族，应传递系统族类型。其基本步骤如下：单击"管理"选项卡→"设置"面板→"传递项目标准"按钮，进行系统族在项目之间的传递（图 3.3）。

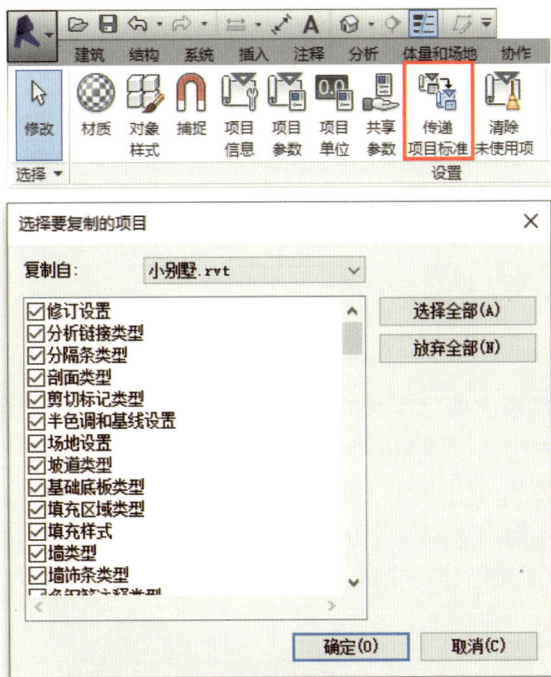

图 3.3　传递系统族

2. 可载入族

可载入族通常用于创建一些常规自定义的建筑构件（如窗、门、橱柜、家具等）、系统构件（如锅炉、热水器、空气处理设备和卫浴装置等）及注释图元（如符号和标题栏）等。

由于它们具有高度可自定义的特征，因此可载入的族是用户在 Revit 中最经常创建和修改的族。与系统族不同，可载入族是在外部 .rfa 文件中创建的，并可导入或载入项目中。对于包含许多类型的可载入族，可以创建和使用类型目录，以便载入项目所需的类型（图 3.4）。

图 3.4　族库图例

创建可载入族时，首先使用软件中提供的样板，该样板要包含所要创建族的相关信息。先绘制族的几何图形，使用参数建立族构件之间的关系，创建其包含的变体或族类型，确定其在不同视图中的可见性和详细程度。完成载入族创建后，先在示例项目中对其进行测试，然后使用其在项目中创建图元。Revit 中包含一个内容库，可以用来访问软件提供的可载入族，也可以在其中保存创建的族。

3．内建族

内建族是需要创建当前项目专有的独特构件时所创建的独特图元。如果项目不需要重复使用的特殊几何图形，或需要必须与其他项目几何图形保持一种或多种关系的几何图形时，需创建内建图元。用户可以创建内建几何图形，以便它可参照其他项目几何图形，使其在所参照的几何图形发生变化时进行相应大小调整和其他调整。创建内建图元时，Revit 将为该内建图元创建一个族，该族包含单个族类型（图 3.5）。

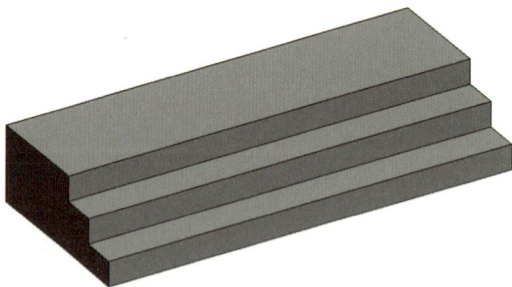

图 3.5　内建族模型

用户可以在项目中创建多个内建图元，并且可以将同一内建图元的多个副本放置在项目中。但是，与系统族和可载入族不同，内建族不能通过复制内建族类型来创建多种类型。尽管可以在项目之间传递或复制内建图元，但只有在必要时才应执行此操作，因为内建图元会增大文件大小并使软件性能降低。

3.1.2 族的相关知识

使用 Revit 在项目设计过程中，往往需要大量的族，Revit 提供了多种将族载入项目中的方法。一旦族载入项目中，载入的族会与项目一起保存。所有族将在项目浏览器中各自的构件类别下列出。执行项目时无须原始族文件，可以将原始族保存到常用的文件夹中。

创建族时，软件会提示用户选择一个与该族所要创建的图元类型相对应的族样板（图 3.6）。该样板相当于一个构建块，其中包含开始创建族时及 Revit 在项目中放置族时所需要的信息，包括公制常规模型，基于面的公制常规模型，基于墙、天花板、楼板和屋顶的公制常规模型，基于线的公制常规模型，公制轮廓族，常规注释，公制详图构件等。其中，基于墙、天花板、楼板和屋顶的样板被称为基于主体的样板。对于基于主体的族而言，只有存在其主体类型的图元时才能放置在项目中。

图 3.6 族样板

任务 3.2 族的创建

3.2.1 族文件的创建与使用

使用族编辑器可以对族进行修改或创建新的族。可以使用族编辑器创建和编辑可载入族及内建族，不能使用族编辑器编辑系统族。

族界面介绍

1. 创建族文件

可载入族：如图 3.7 所示，单击 ▲ 按钮，打开应用程序菜单，选择"新建"→"族"命令，弹出"新族 – 选择样板文件"对话框，浏览并选择相应的样板文件，单击"打开"按钮，进入族编辑器。

图 3.7　创建可载入族

内建族：如图 3.8 所示，单击"建筑"选项卡→"构建"面板→"构件"下拉按钮，在弹出的下拉列表中选择"内建模型"命令，弹出"族类别和族参数"对话框，选择相应的族类别，单击"确定"按钮。在弹出的"名称"对话框中输入内建族的名称，单击"确定"按钮，进入族编辑器。

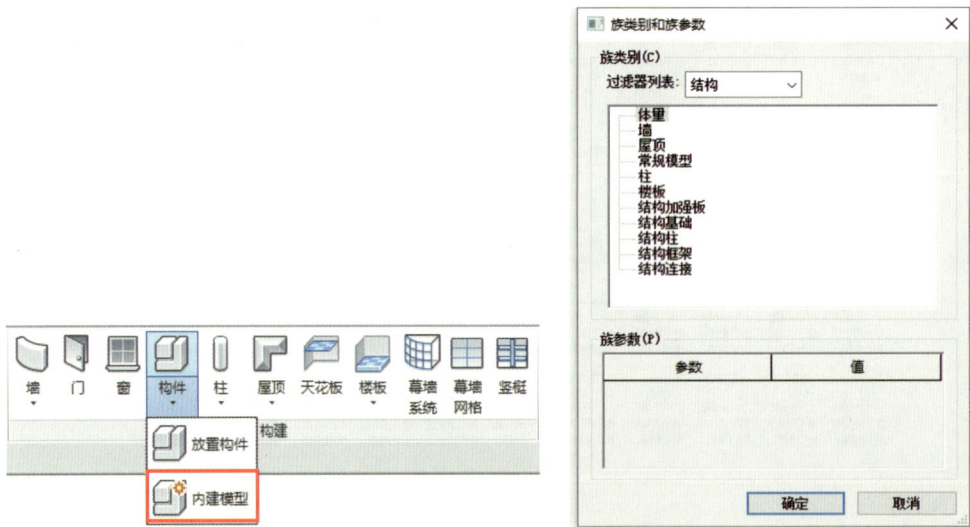

图 3.8　创建内建族模型

2. 载入族

可载入族是在外部 .rfa 文件中创建的，并可导入（载入）项目中。将可载入族载入项目的方法如下。

方法一：单击"插入"选项卡→"从库中载入"面板→"载入族"按钮（图 3.9），弹出"载入族"对话框，选择要载入的族文件，载入即可（图 3.10）。

图 3.9　选择载入族

图 3.10　选择要载入的族文件

方法二：新建或打开一个项目文件，通过 Windows 的资源管理器直接将族文件（.rfa 文件）拖到项目的绘图区域，该族文件即被载入项目中。

3．编辑族文件

1）在绘图区域中选择一个族实例，单击"修改 | 图元"上下文选项卡→"模式"面板（或"模型"面板）→"编辑族"（或"在位编辑"）按钮 ✏️，即可打开族编辑器进行族文件的修改编辑（图 3.11）。

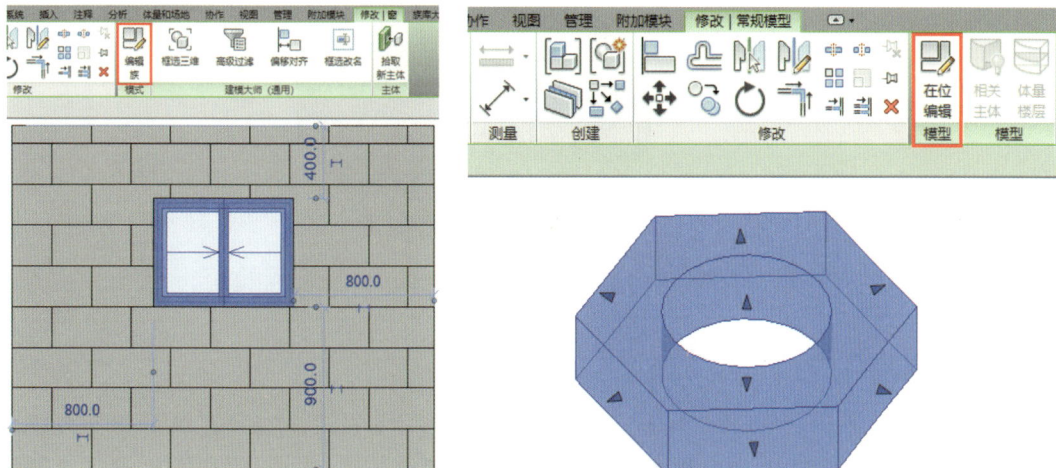

图 3.11　编辑族

2）双击绘图区域中的族实例，打开族编辑器进行族文件的修改编辑。

3）在绘图区域中选择一个族实例，右击，在弹出的快捷菜单中选择"编辑族"命令，进入族编辑器。

对于可载入族，修改编辑完成之后，执行族编辑器界面的"载入到项目中"命令，在弹出的"族已存在"对话框中选择"覆盖现有版本及其参数值"或"覆盖现有版本"选项，完成族文件的更新（图 3.12）。

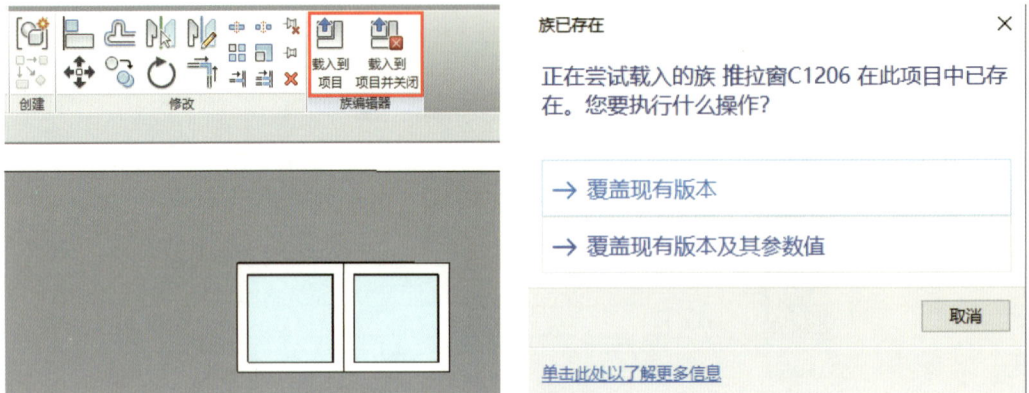

图 3.12　编辑族

对于内建族，在完成内建族创建后，在"在位编辑器"面板中执行"完成模型"命令，即可完成内建族的创建（图 3.13）。

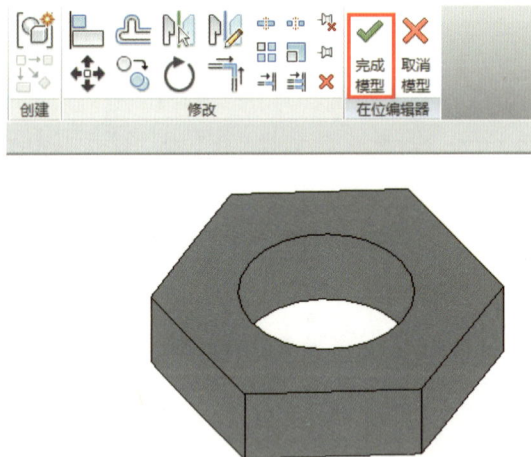

图 3.13　完成模型创建

3.2.2　创建族形体的基本方法

在族编辑器界面，"创建"选项卡→"形状"面板中列出了创建族形体的常见方法，主要包含拉伸、融合、放样、旋转及放样融合五种基本方法，可以创建实心和空心形状（图 3.14）。

图 3.14 族的创建方法

1. 拉伸

1）单击"创建"选项卡→"形状"面板→"拉伸"按钮。

2）在"修改 | 编辑拉伸"上下文选项卡→"绘制"面板中选择相应的绘制方式，在绘图区域绘制拉伸轮廓（图 3.15）。

创建拉伸体

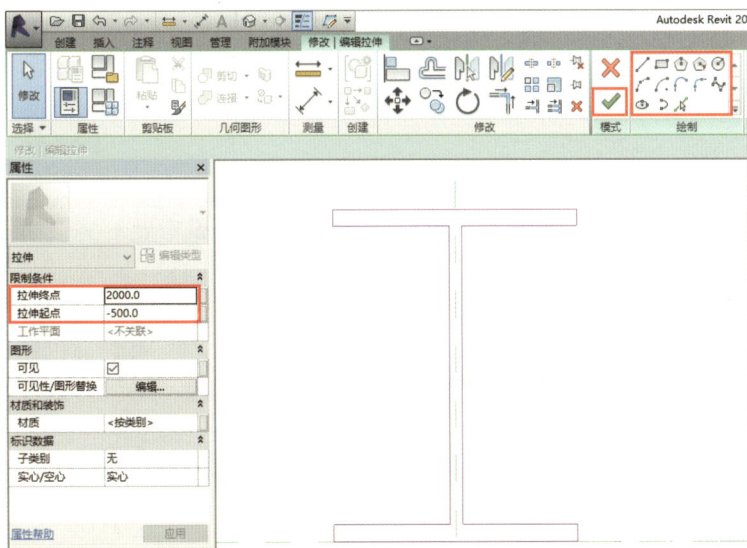

图 3.15 绘制拉伸轮廓

3）在属性面板里设置拉伸的起点和终点、材质等参数。

4）单击"修改 | 编辑拉伸"上下文选项卡→"模式"面板→"模式完成"按钮 ✔，完成拉伸族的创建（图 3.16）。

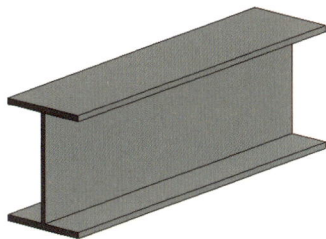

图 3.16 完成拉伸族

2．融合

1）单击族编辑器界面的"创建"选项卡→"形状"面板→"融合"按钮。

创建融合体

2）在"修改 | 创建融合底部边界"上下文选项卡中的"绘制"面板下选择相应的绘制方式，绘制融合底部轮廓（图 3.17）。

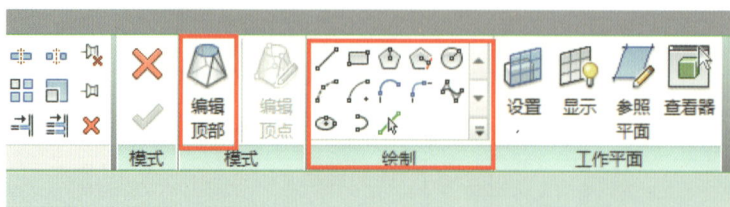

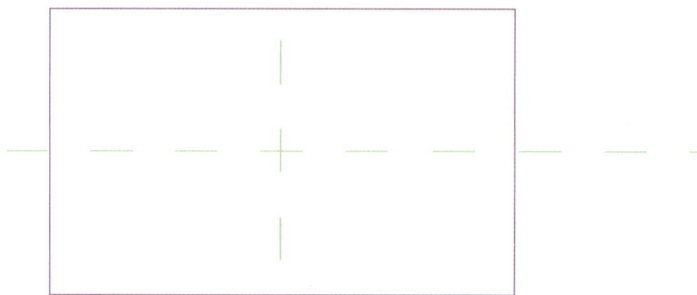

图 3.17 绘制融合底部轮廓

3）绘制完底部轮廓后，单击"修改 | 创建融合底部边界"上下文选项卡→"模式"面板→"编辑顶部"按钮，创建融合顶部轮廓边界线（图 3.18）。

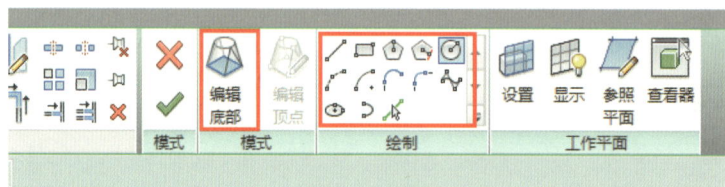

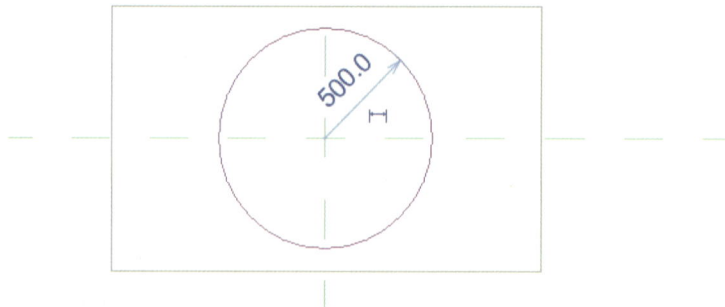

图 3.18 创建融合顶部轮廓边界线

4）在属性面板里设置好融合的端点高度、材质等参数。单击"修改 | 创建融合底部边界"上下文选项卡→"模式"面板→"模式完成"按钮✔，完成融合的创建（图 3.19）。

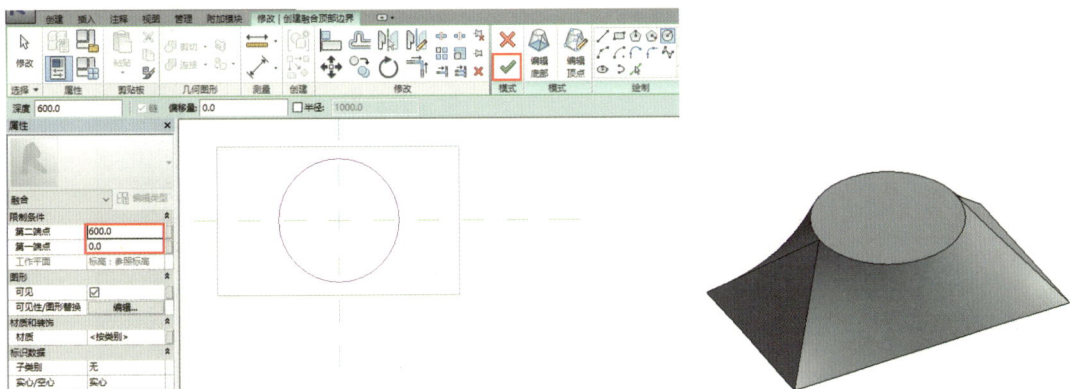

图 3.19　完成融合创建

3．旋转

1）单击"创建"选项卡→"形状"面板→"旋转"按钮。

2）单击"修改 | 创建旋转"上下文选项卡→"绘制"面板→"轴线"按钮，选择"直线"绘制方式，在绘图区域绘制旋转轴线（图 3.20）。

创建旋转体

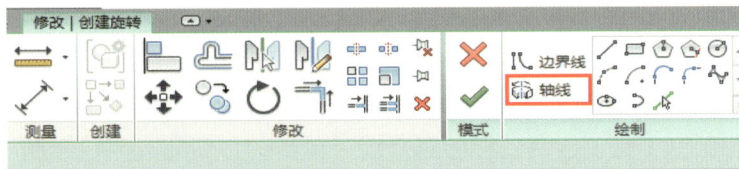

图 3.20　绘制旋转轴线

3）单击"绘制"面板→"边界线"按钮，选择相应的绘制方式绘制旋转轮廓的闭合边界线（图 3.21）。

4）在属性面板设置旋转的结束角度、起始角度、材质等参数。

5）单击"修改 | 创建旋转"上下文选项卡→"模式"面板→"模式完成"按钮✔，完成旋转的创建（图 3.22）。

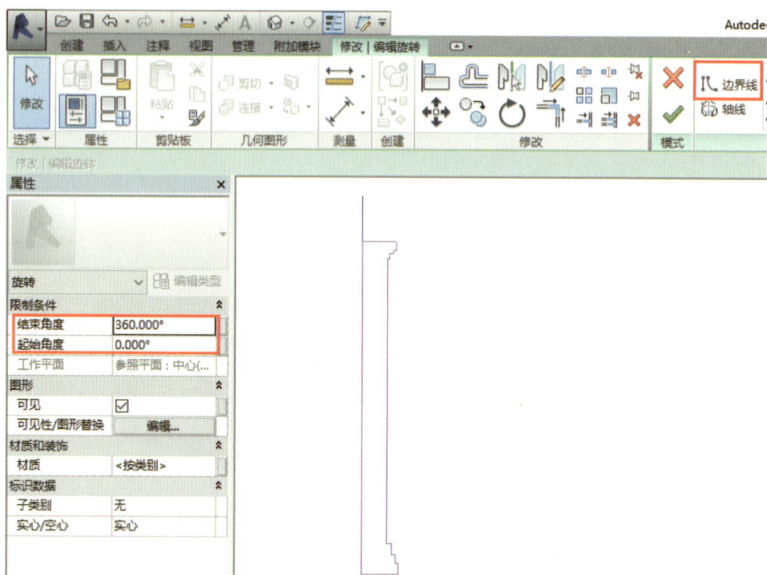

图 3.21　绘制旋转轮廓的闭合边界线

图 3.22　完成旋转的创建

4. 放样

1）单击"创建"选项卡→"形状"面板→"放样"按钮。

2）单击"修改 | 放样"上下文选项卡→"放样"面板→"绘制路径"或"拾取路径"按钮。

创建放样体

① 若采用"绘制路径"命令，则在"修改 | 放样 > 绘制路径"上下文选项卡→"绘制"面板中选择绘制工具，绘制放样的路径线，单击 ✔ 按钮完成路径绘制（图 3.23）。

② 若采用"拾取路径"命令，则可拾取导入的线、图元轮廓线或绘制的模型线，完成路径绘制。

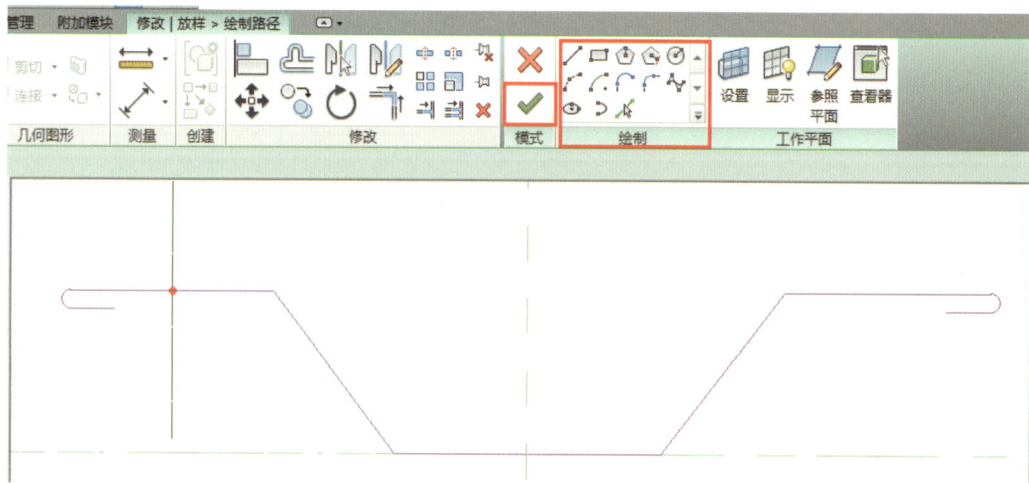

图 3.23　绘制放样路径

3）单击"修改 | 放样"上下文选项卡→"放样"面板→"编辑轮廓"按钮，进入轮廓编辑视图（图 3.24）。若有编辑好的轮廓族，则可以通过"载入轮廓"命令载入。

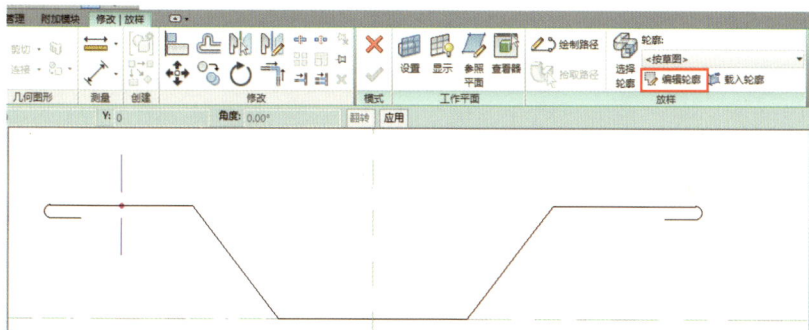

图 3.24 编辑放样轮廓

4）在"修改 | 放样＞编辑轮廓"上下文选项卡→"绘制"面板中选择适当的绘制工具，绘制放样轮廓的边界线，单击 ✔ 按钮，完成轮廓编辑（图 3.25）。

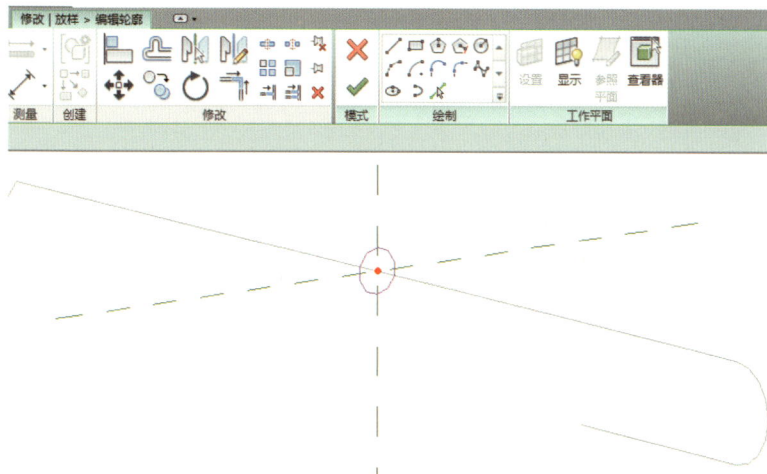

图 3.25 绘制轮廓

5）单击"修改 | 放样"上下文选项卡→"模式"面板→"模式完成"按钮 ✔，完成放样模型的创建（图 3.26）。

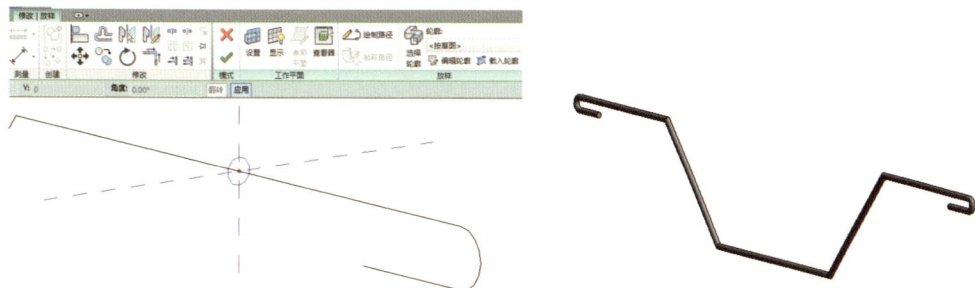

图 3.26 单击完成放样

5．放样融合

1）单击"创建"选项卡→"形状"面板→"放样融合"按钮。

2）单击"修改 | 放样融合"上下文选项卡→"放样融合"面板→"绘制路径"按钮，在"修改 | 放样融合 > 绘制路径"上下文选项卡→"绘制"面板中绘制放样的路径线，单击"模式完成"按钮 ✔，完成绘制（图 3.27）。

创建放样
融合体

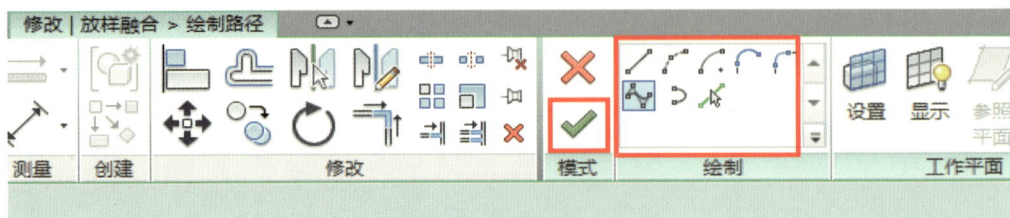

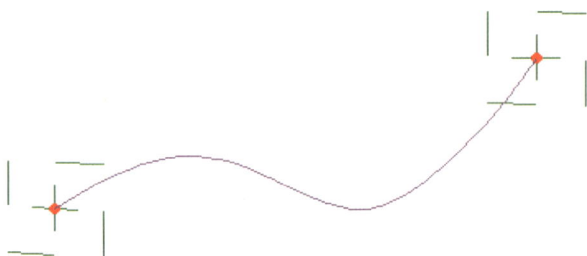

图 3.27　完成草图绘制

3）单击"修改 | 放样融合"上下文选项卡→"放样融合"面板→"选择轮廓 1"→"编辑轮廓"按钮，转到对应视图进行轮廓的绘制与编辑（图 3.28）。

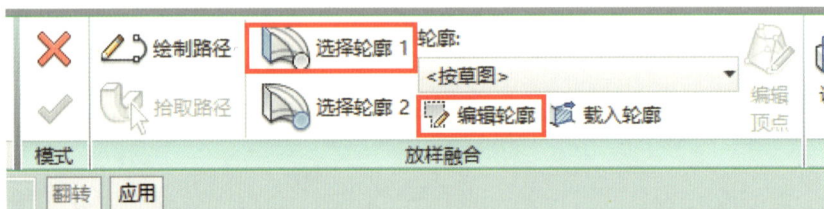

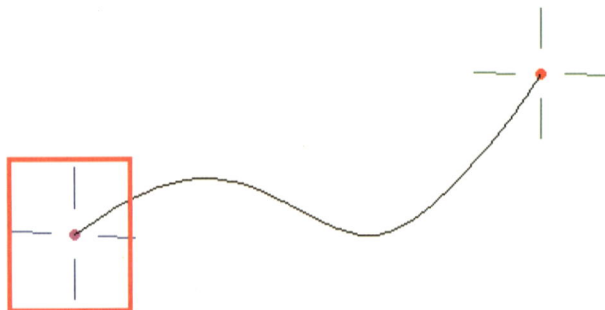

图 3.28　编辑轮廓

4）在"修改 | 放样融合 > 编辑轮廓"上下文选项卡→"绘制"面板中选择适当的绘制工具绘制轮廓边界线，单击 ✔ 按钮，完成轮廓编辑。

注意：绘制轮廓时，所在的视图可以是三维视图，或者打开查看器进行轮廓绘制（图 3.29）。

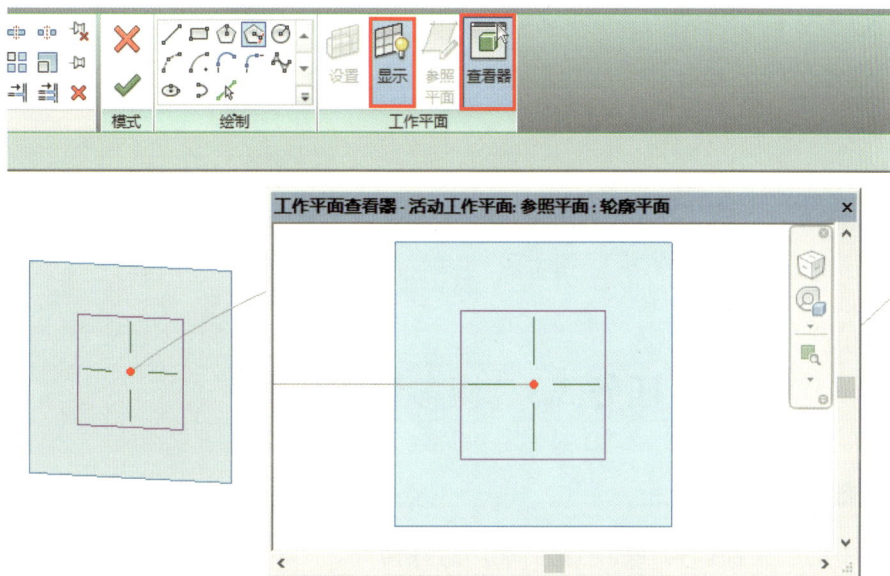

图 3.29　查看器

5）重复步骤 3）和 4），完成轮廓 2 的创建。

6）单击"模式"面板→"模式完成"按钮 ✔，完成放样融合的创建（图 3.30）。

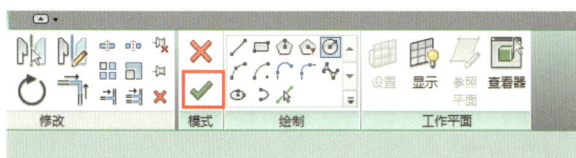

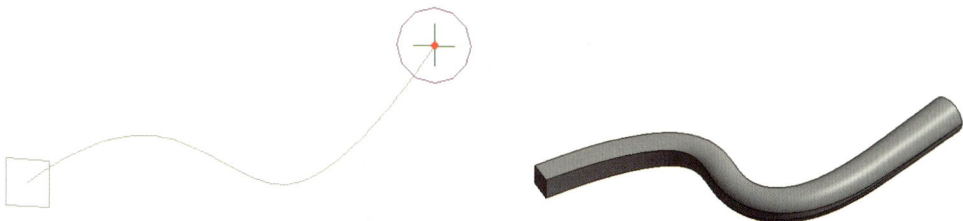

图 3.30　创建放样融合

6. 空心形状

空心形状用于剪切实心形状，得到想要的形体。空心形状的创建方法参考前面的实心形状的创建（图 3.31），也可以通过属性面板中的"实心 / 空心"参数进行设置。

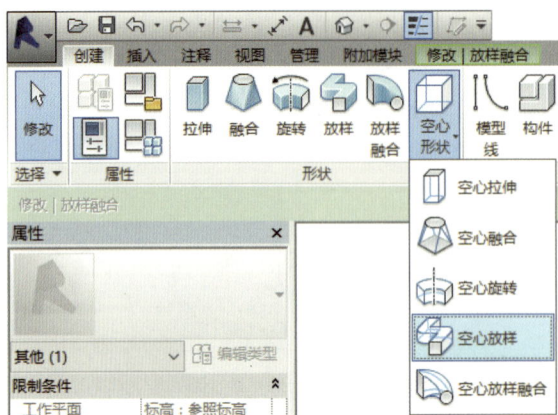

图 3.31　生成空心形状

任务 3.3　族参数的应用

3.3.1　参数化设计简介

Revit 中的图元都以构件的形式出现，这些构件之间的不同是通过参数的调整反映出来的，参数保存了图元作为数字化建筑构件的所有信息。构件模型的建立速度是决定整个建模效率的关键。参数化设计方法就是将模型中的定量信息变量化，使之成为任意调整的参数。对于变量化参数赋予不同数值，就可得到不同大小和形状的构件模型。不仅是尺寸，材质、显隐性等都可以成为一个构件的变量。

族参数有三种类别：固定参数、类型参数、实例参数。固定参数是不能在类型或实例中修改的参数，即族的定量；类型参数是可在类型中修改的参数，修改族的类型参数，将导致该族同一类型的图元同步变化；实例参数出现在实例属性中，修改图元的实例参数，只会导致选中图元的改变而不影响其他图元。

族的参数类型种类如表 3.1 所示。

表 3.1　族的参数类型种类

名称	说明
文字	可以随意输入字符，定义文字类型参数
整数	始终表示为整数的值
数值	用于各种数字数据，可通过公式定义，也可以是实数
长度	用于设置图元或子构件的长度
面积	用于设置图元或子构件的面积
体积	用于设置图元或子构件的体积
角度	用于设置图元或子构件的角度

名称	说明
坡度	用于定义坡度的参数
货币	用于创建货币参数
URL	提供至用户定义的 URL 网络连接
材质	可在其中指定特定材质的参数
图像	建立可在其中指定特定光栅图像的参数
是 / 否	使用"是"或"否"定义参数
族类型	用于嵌套构件

通过添加新参数，就可以对包含于每个族实例或类型中的信息进行更多的控制，可以创建动态的族类型，以增加模型的灵活性。

3.3.2　族参数的应用

1）单击 ![图标] 按钮，打开应用程序菜单，选择"新建"→"族"命令，弹出"新族 – 选择样板文件"对话框，选择"公制常规模型"样板文件，单击"打开"按钮，进入族编辑器。

族参数的添加

2）在族编辑器中，单击"创建"选项卡（或"修改"选项卡）→"属性"面板→"族类别和族参数"按钮 ![图标]，在弹出的"族类别和族参数"对话框中选择族类别为"柱"，设置族参数，单击"确定"按钮（图 3.32）。

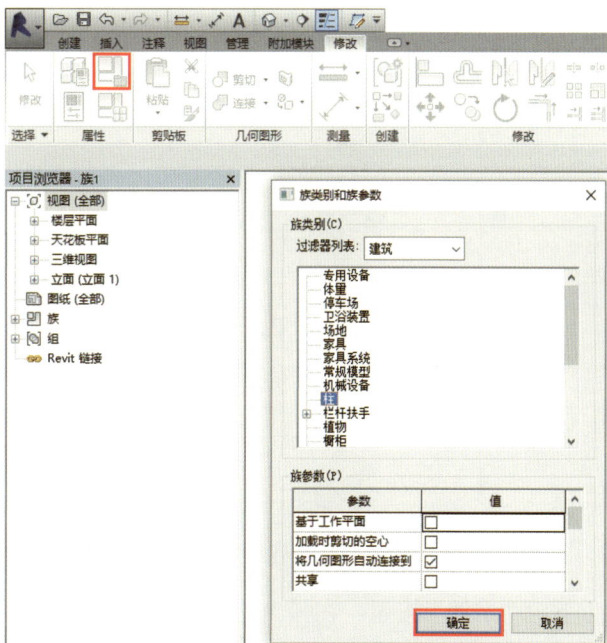

图 3.32　"族类别和族参数"对话框

"族类别和族参数"工具可以将预定义的族类别属性指定给要创建的构件，其将决定族在项目中的工作特性。选择不同的族类别，会显示不同的族参数，其中部分族参数的意义如下。

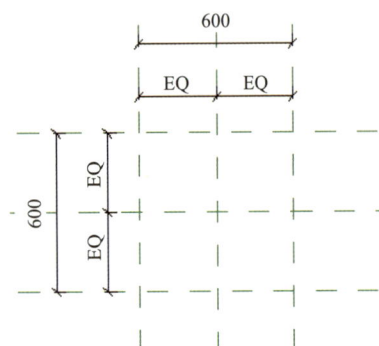

① 总是垂直：选中该选项时，族将相对于水平面垂直；否则，族将垂直于某个工作平面。

② 基于工作平面：选中该选项时，族只能放在一个工作平面或实体表面。

3）打开"参照标高"视图，单击"创建"选项卡→"基准"面板→"参照平面"按钮，绘制参照平面。

4）单击"注释"选项卡→"尺寸标注"面板→"对齐"按钮，对参照平面进行标注；单击EQ符号，使左右尺寸相同。再次使用"对齐"按钮标注外侧参照平面（图 3.33）。按两次 Esc 键，退出当前命令。

图 3.33　尺寸标注

5）单击"创建"选项卡→"属性"面板→"族类型"按钮，弹出"族类型"对话框，单击"新建"按钮，在弹出的"名称"对话框中输入新类型的名称，创建一个新的族类型，将其载入项目中后，会出现在属性面板中（图 3.34）。

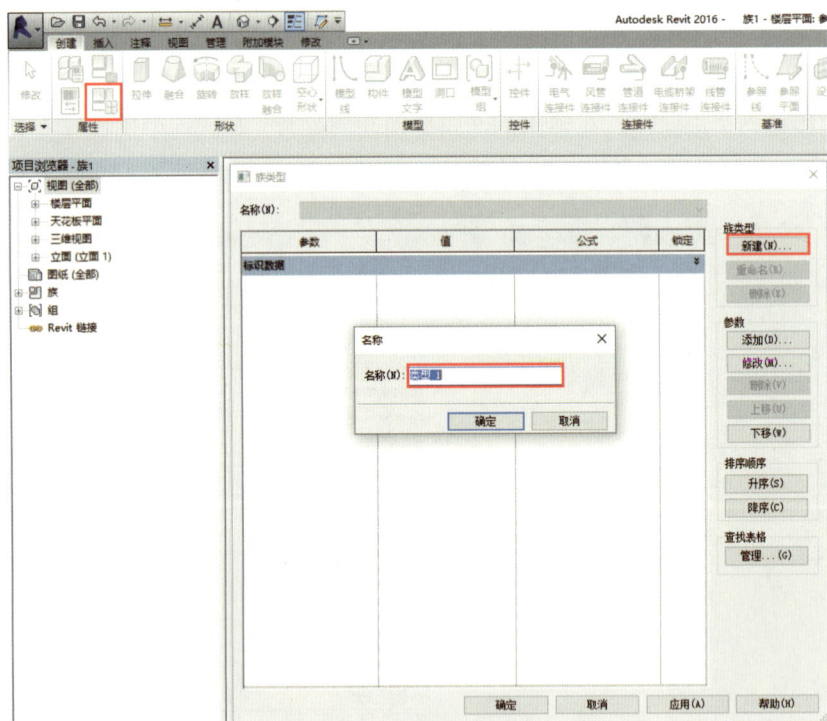

图 3.34　新建族类型

6）单击"参数"下的"添加"按钮，在弹出的"参数属性"对话框中选择"参数类型"为"族参数"，输入参数的名称"长度"，选中"实例"复选框，选择"规程"为"公共"，

"参数类型"为"长度","参数分组方式"为"尺寸标注",单击"确定"按钮（图 3.35）。

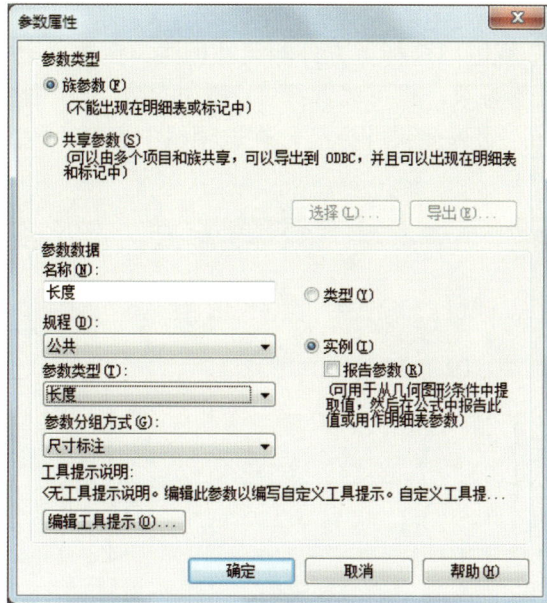

图 3.35　修改参数属性

同理,添加"宽度""高度"参数。

默认情况下,新参数会按字母顺序升序排列,并添加到参数列表中作为创建参数时的选定组。利用"上移""下移""升序""降序"工具可调整参数的顺序（图 3.36）。

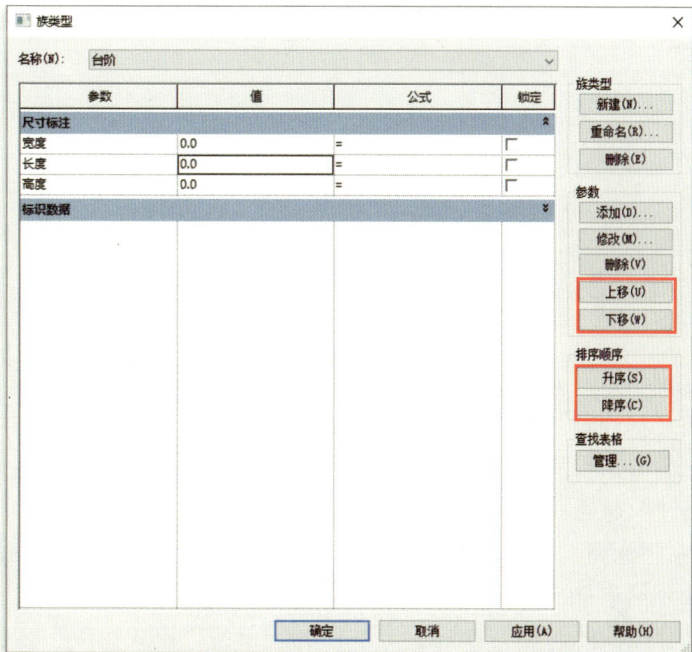

图 3.36　编辑族类型

注意：在编辑"钢筋形状"族参数时，"上移""下移""升序""降序"按钮不可用。

7）在"参照标高"视图中选择上方外侧尺寸标注，在选项栏中选择"长度"参数。若没有提前新建"长度"参数，也可以选择"< 添加参数 ...>"命令并创建一个参数作为"标签"。同理，选择左边外侧尺寸标注，在选项栏中选择"宽度"选项，为标注添加"宽度"参数（图 3.37）。

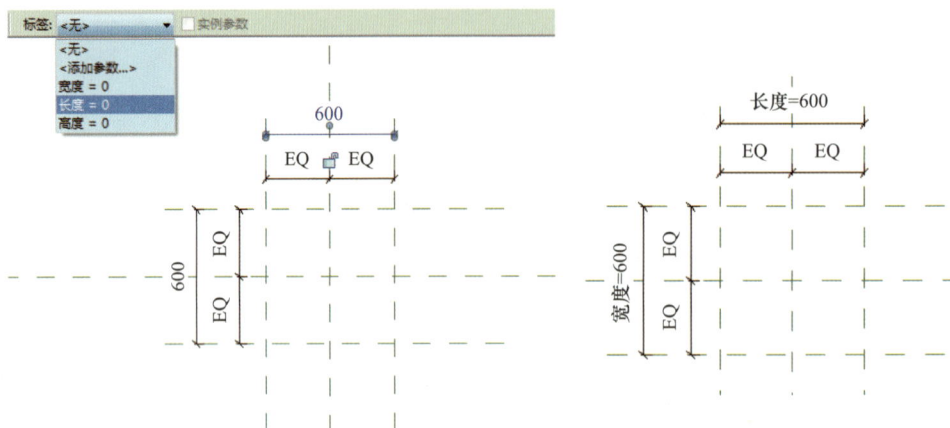

图 3.37 为尺寸标注添加参数标签

8）打开任一立面视图，绘制参照平面，添加尺寸标注，为尺寸标注添加高度标签（图 3.38）。

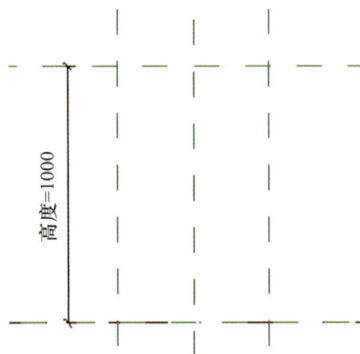

图 3.38 添加高度标签

带标签的尺寸标注将成为族的可修改参数。用户可以使用族编辑器中的"族类型"对话框修改它们的值，将族载入项目中之后，可以在属性面板中修改任何实例参数，或在弹出"类型属性"对话框中修改类型参数值。

9）打开"参照标高"视图，单击"创建"选项卡→"形状"面板→"拉伸"按钮，利用"矩形"命令沿参照平面绘制拉伸轮廓，并锁定轮廓边界与参照平面（图 3.39）。在属性面板里设置拉伸的起点为 0，终点为 1000。单击"模式完成"按钮 ✔，完成拉伸的创建。

10）打开前立面视图，单击"修改"选项卡→"修改"面板→"对齐"按钮，先后单击顶部参照平面、长方体上表面，使长方体上表面与顶部参照平面对齐并锁定（图 3.40）。

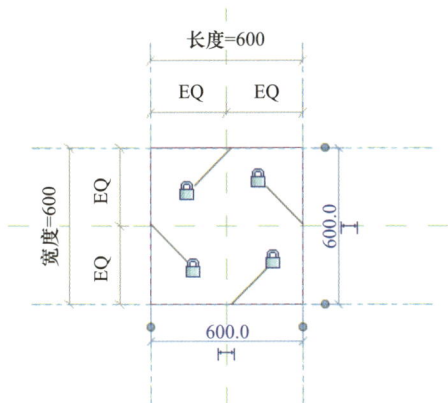

图 3.39   创建拉伸轮廓

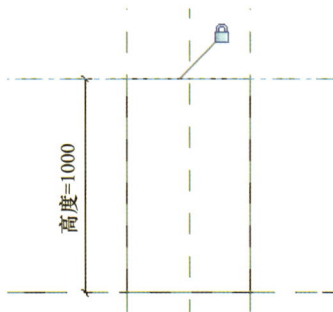

图 3.40   创建高度标签

11）添加完成族参数后，直接修改参数的值，即可实现驱动修改参照平面的尺寸。将族形状轮廓与参照平面对齐锁定，使形状轮廓随参照平面移动而移动，即可实现参数驱动参照平面位置变动，然后修改形状轮廓。

单击"创建"选项卡→"属性"面板→"族类型"按钮，在弹出的"族类型"对话框中修改对应参数值，可得到不同尺寸大小的族（图 3.41）。

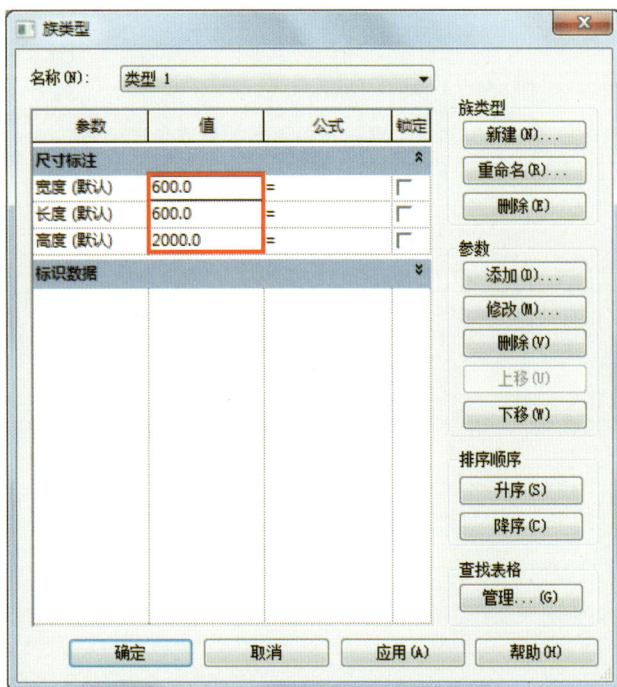

图 3.41   "族类型"对话框

在族类型参数中也可以使用公式计算值和控制族几何图形。单击"创建"选项卡→"属性"面板→"族类型"按钮🔡，弹出"族类型"对话框，在"公式"列中输入参数的公式（图 3.42）。

图 3.42 为尺寸标注添加参数标签

公式支持标准的算术运算和三角函数。公式支持以下运算操作：加、减、乘、除、指数、对数和平方根；支持以下三角函数运算：正弦、余弦、正切、反正弦、反余弦和反正切。算术运算和三角函数的有效公式缩写如表 3.2 所示。

表 3.2 算术运算和三角函数的有效公式缩写

内容	缩写	内容	缩写	内容	缩写
加	+	对数	log	正切	tan
减	−	平方根	sqrt：sqrt（16）	反正弦	asin
乘	*	绝对值	abs	反余弦	acos
除	/	正弦	sin	反正切	atan
指数	^、x^y、x 的 y 次方	余弦	cos	10 的 x 方	exp（x）

项目拓展

1. 参照平面

参照平面是用作模型创建时的辅助平面，同时也是创建族时的重要组成部分，其主要作用是辅助模型定位、关联族参数与模型、设置特殊位置的工作平面。

参照平面的创建方法包括直接绘制及复制和阵列。需要注意的是，参照平面只能在二维视图中创建。

2. 参照线

创建参照线可用来创建新的体量或者创建体量的约束。

直参照线提供四个可进行绘制的参照平面。一个平面平行于线本身的工作平面；另一个平面垂直于该平面，两个平面都经过参照线；线的端点处有两个附加平面。也可以创建弯曲的参照线，但弯曲参照线的端点处只定义两个参照平面。

习　题

1. Revit 的族文件的扩展文件名为（　　　）。

　　A．.rvp　　　　　　　　　　　B．.rvt

　　C．.rfa　　　　　　　　　　　D．.rft

2. 以下选项中，（　　　）不是创建族的工具。

　　A．扭转　　　　　　　　　　　B．融合

　　C．旋转　　　　　　　　　　　D．放样

3. 下列关于"实心放样"命令的用法中，错误的是（　　　）。

　　A．必须指定轮廓和放样路径　　B．路径可以是样条曲线

　　C．轮廓可以是不封闭的线段　　D．路径可以是不封闭的线段

4. 下列关于"实心拉伸"命令的用法中，正确的是（　　　）。

　　A．轮廓可沿弧线路径拉伸

　　B．轮廓可沿单段直线路径拉伸

　　C．轮廓可以是不封闭的线段

　　D．轮廓按给定的深度值进行拉伸，不能选择路径

5. 下列选项中，（　　　）不是 Revit 族的类型。

　　A．系统族　　　　　　　　　　B．外部族

　　C．可载入族　　　　　　　　　D．内建族

6. 族创建中，需要通过绕轴放样二维形状方法属于（　　　）。

　　A．旋转　　　　　　　　　　　B．拉伸

　　C．融合　　　　　　　　　　　D．放样

7. 修剪 / 延伸为角命令的默认快捷键为（　　　）。

　　A．T+R　　　　　　　　　　　B．R+P

　　C．O+F　　　　　　　　　　　D．以上均不是

8. 旋转建筑构件时，使用旋转命令的（　　　）选项可使原始对象保持在原来位置不变，旋转的只是副本。

A．分开   B．角度

C．复制   D．以上都不是

9．以下有关调整标高位置中，最全面的是（   ）。

A．选择标高，出现蓝色的临时尺寸标注，单击尺寸修改其值

B．选择标高，直接编辑其标高值

C．选择标高，直接用鼠标拖曳到相应的位置

D．以上皆可

10．选择第一个图元后，按住（   ）键可以继续选择添加和删除相同图元。

A．Shift   B．Ctrl

C．Alt   D．Tab

11．图 3.43 为某凉亭模型的立面图和平面图，请按照图示尺寸建立凉亭实体模型［2019 年第一期"1+X"建筑信息模型（BIM）初级］。

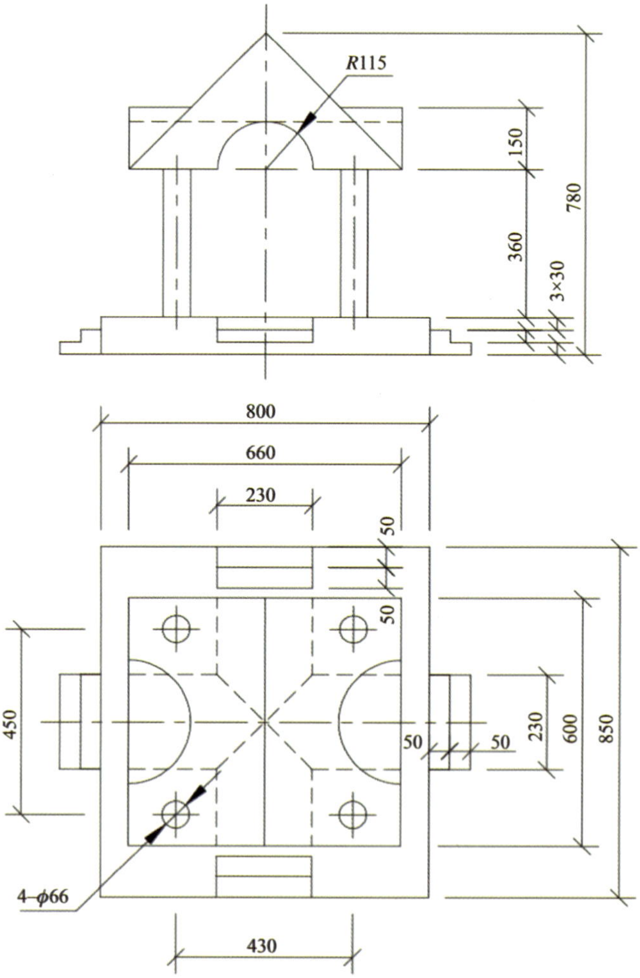

图 3.43 凉亭立面图和平面图

12. 根据给定图纸尺寸创建柱基模型，整体材质为混凝土，如图 3.44 所示［2021年第二期"1+X"建筑信息模型（BIM）初级］。

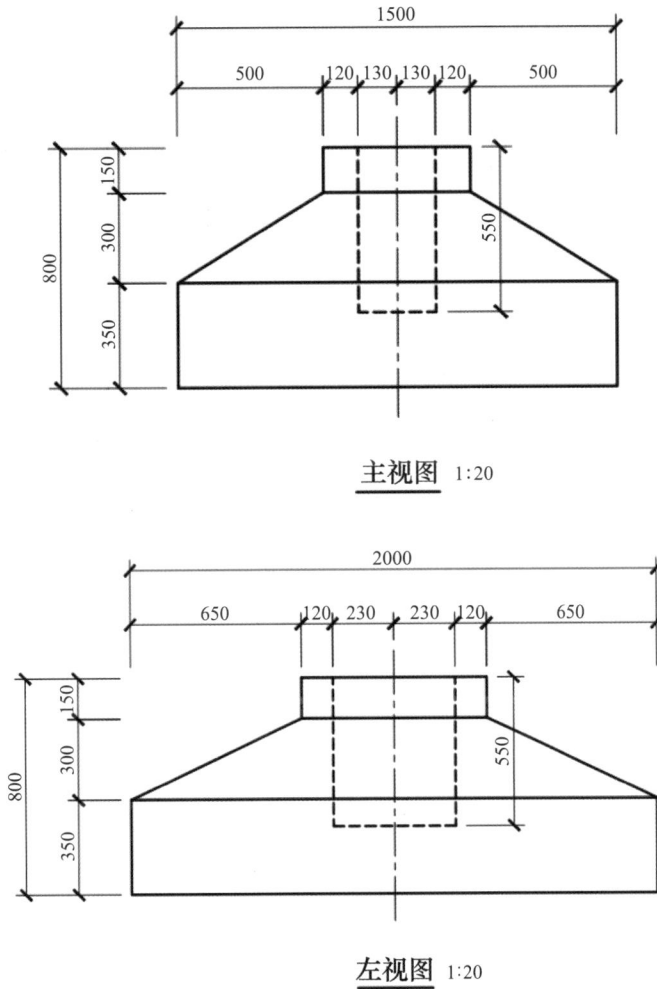

主视图 1:20

左视图 1:20

图 3.44　塔状结构图纸

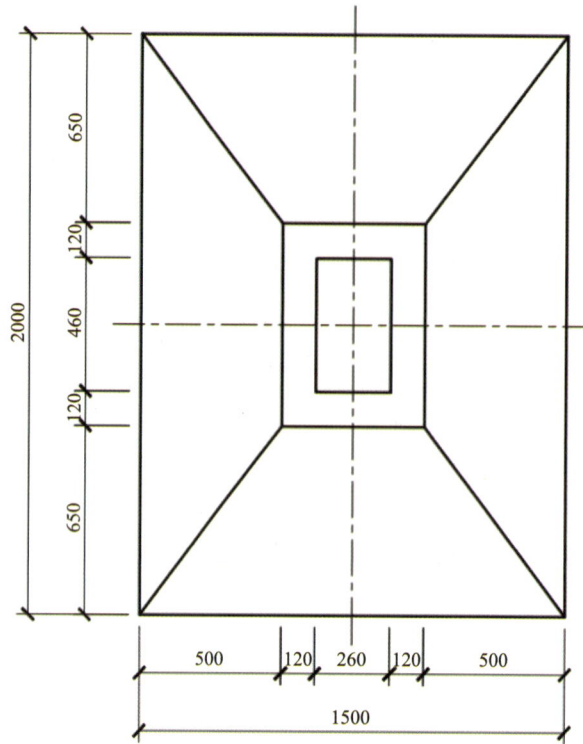

俯视图 1:20

图 3.44（续）

项目 4

概念体量

项目完成目标

知识目标

理解概念体量的基本概念，了解体量的应用。

能力目标

掌握体量创建的步骤和方法，掌握体量转化面模型的方法。

素质目标

加强团队协作精神，培养创新意识与创造能力；培养分析问题、解决问题的能力。

项目分析说明

体量模型主要应用于项目前期的概念设计，通过自有形状创建、编辑生成三维物体，对物体表面进行有理化处理，用于创建具有比较复杂外形的建筑，如双曲面结构、复杂的幕墙系统、快速创建楼层等。实现概念设计、初步设计、施工设计三者之间的数据交流，可以减少重复劳动和设计数据丢失，提高设计效率和质量。

任务 4.1　学习概念体量的基本知识

4.1.1　概念体量简介

概念体量在 Revit 中也称概念设计。为了帮助建筑师创建各种自由形状的建筑体量，Revit 软件引入了概念设计环境，建筑师可以在该环境中根据对建筑外轮廓的要求创建比较灵活的三维建筑形状和轮廓，而且可以实现比较强大的形状编辑功能。除此之外，Revit 还包含表面有理化工具，对创建好的三维形状表面可以做一些复杂的处理，以实现形状表面肌理多样化（图 4.1）。

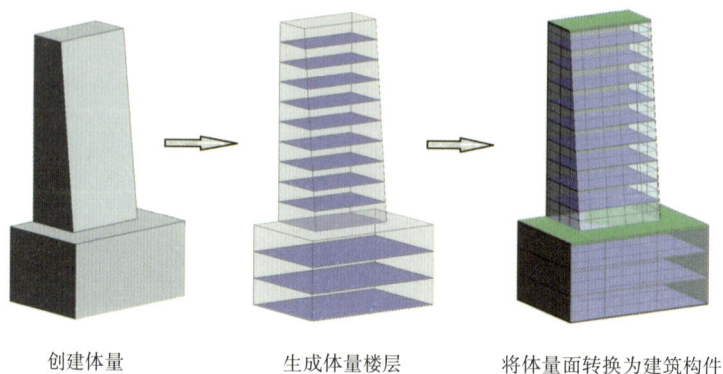

创建体量　　　　　生成体量楼层　　　　将体量面转换为建筑构件

图 4.1　体量推敲流程

Revit 提供了内建体量和可载入体量族两种创建体量的方式。

内建体量用于表示项目独特的体量形状。通过在项目中内建体量的方式，可以创建所需的概念体量，这种方式创建的体量仅可用于当前项目中。

如在一个项目中放置多个体量实例，或者在多个项目中需要使用体量族时，通常使用可载入体量族。可载入体量族可像普通的族文件一样载入多个项目中。

概念体量模型可以帮助建筑师推敲建筑的形态，统计建筑楼层面积、占地面积等数据。概念体量模型表面可以创建墙、楼板、屋顶等对象，对概念体量的表面进行划分，配合使用"自适应构件"生成多种复杂的表面。概念体量模型还可以帮助完成从概念设计阶段到方案、施工图设计的转换。

4.1.2　概念体量的工作平面

概念体量是三维模型族，其设计环境与项目建模环境、常规族建模环境一起构成了 Revit 的三大建模环境，主要是创建一些常规建模无法解决的构件模型。但是，由于三维工作环境的因素，因此必须设置明确的工作平面来确定操控的点、线、面是在正确的坐标系中。

　　工作平面是虚拟的二维表面。在概念体量中，标高和参照平面都可以设置成为创建体量的工作平面。用户可以通过单击"创建"选项卡→"工作平面"面板→"设置"按钮，在工作区域选择合适的标高、参照平面或者参照点的各参照平面作为工作平面（图 4.2）。

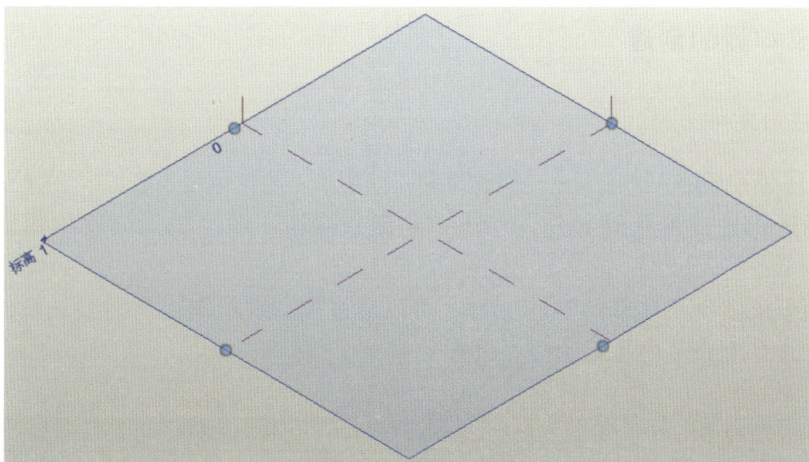

图 4.2　工作平面图元

　　在可载入体量族的创建空间中单击相应的工作平面，也可将所选的工作平面设置为当前工作平面（图 4.3）。

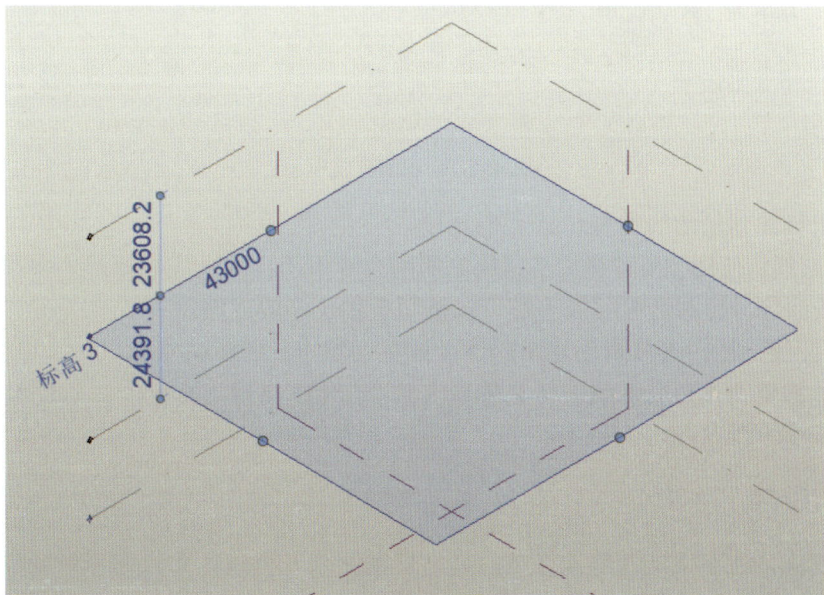

图 4.3　点选设置当前工作平面

　　默认情况下，工作平面在视图中是不显示的，用户可以通过单击"创建"选项卡→"工作平面"面板→"显示"按钮显示当前工作平面。

任务 4.2　概念体量的创建、编辑及体量的面模型

4.2.1　概念体量的创建

1. 新建内建体量

新建概念体量

单击"体量和场地"选项卡→"概念体量"面板→"内建体量"按钮，在弹出的"名称"对话框中输入内建体量族的名称，单击"确定"按钮，即可进入内建体量的创建界面（图 4.4）。

该界面列出了创建体量的常用工具，可以通过模型线绘制得到需要被拉伸、旋转、放样、融合的一个或多个几何图形，并在此基础上创建形体。

图 4.4　创建体量面板

可用于创建体量的线类型包括下列几种。

1）模型线：使用"模型线"工具绘制的闭合或不闭合的直线、矩形、多边形、圆、圆弧、样条曲线、椭圆、椭圆弧等都可以被用于生产体块或面。

2）参照线：使用参照线创建新的体量或者创建体量的限制条件。

创建并编辑完体量后，单击任意选项卡的"在位编辑器"面板→"完成体量"按钮，完成内建体量的创建。

2. 新建可载入体量族

可载入体量族不仅可以单独保存为族文件随时载入项目，而且在体量族空间中还提供了如三维标高等工具并预设了两个垂直的三维参照面，优化了体量的创建及编辑环境。

单击应用程序菜单，选择"新建"→"概念体量"命令，在弹出的"新建概念体量 - 选择样板文件"对话框中双击选择"公制体量 .rft"的样板文件，进入体量族的绘制空间。Revit 的概念体量族空间的三维视图提供了三维标高面，可以在三维视图中直接绘制标

高，更有利于体量创建中工作平面的设置（图 4.5）。

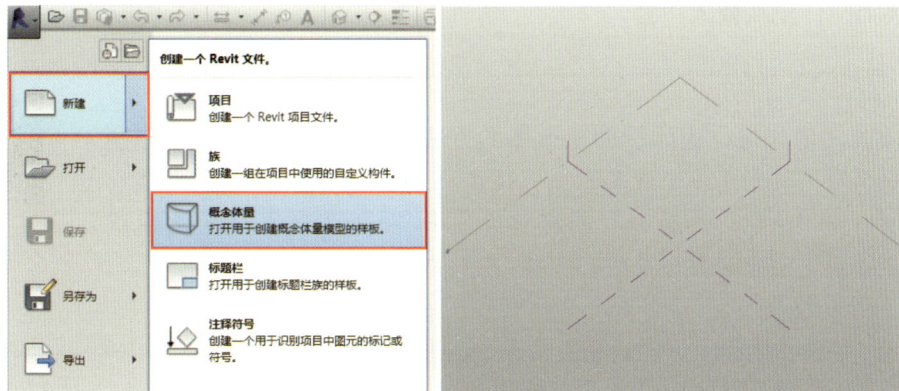

图 4.5　体量绘制空间

打开三维视图，单击"创建"选项卡→"基准"面板→"标高"按钮，将光标移动到绘图区域现有标高面上方，光标下方出现间距显示，通过使用键盘可直接输入间距，如 9000，即 9m，按 Enter 键即可完成三维标高的创建（图 4.6）。也可以利用"复制"等命令进行标高的创建。

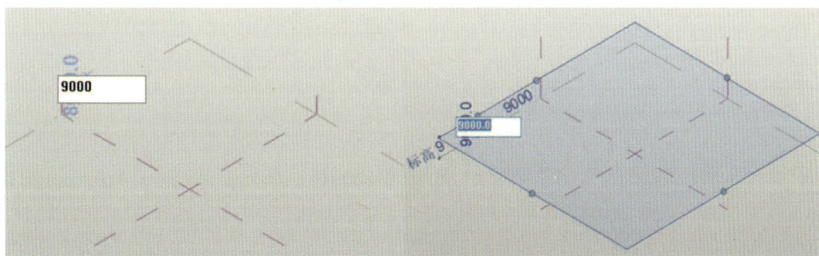

图 4.6　绘制体量标高

标高绘制完成后，还可以通过临时尺寸标注修改三维标高高度，单击可直接修改图 4.7 所示两个标高数值。图 4.7 中从左到右依次为标高名称、标高间距、标高高度。

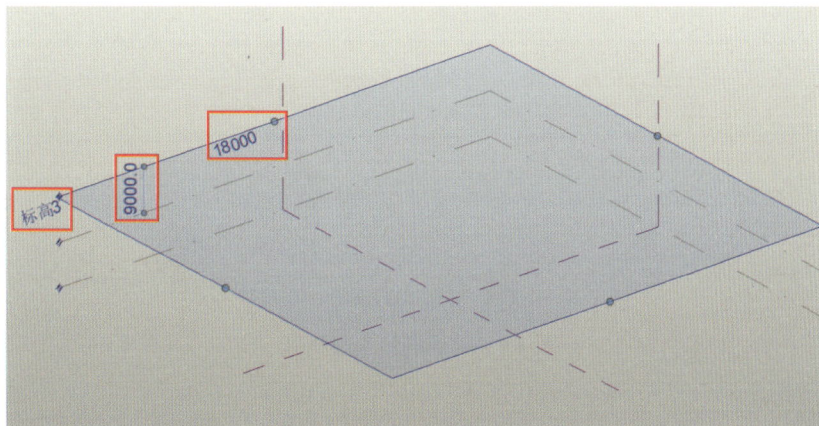

图 4.7　调整体量标高

创建并编辑完体量后，单击任意选项卡的"族编辑器"面板→"载入到项目中"按钮，可将当前体量族载入项目。

3. 创建体量模型

可载入体量族与内建体量创建形体的方法基本相同，即通过"绘制"面板中的绘制工具创建一个或多个线、顶点、边或面，单击"修改|线"上下文选项卡→"形状"面板→"创建形状"→"实心形状"/"空心形状"按钮，即可创建相应的实心或空心形状。

创建体量模型

（1）面模型

单击"创建"选项卡→"绘制"面板，选择绘制工具，在工作平面中绘制单一线条。选择此线条，选择"修改|线"上下文选项卡→"形状"面板→"创建形状"→"实心形状"按钮，线将垂直向上生成面，从而创建单一开放线条拉伸模型（图4.8）。

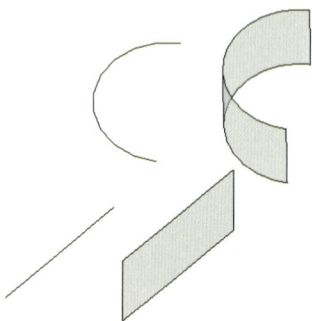

图4.8 生成面状物体

（2）旋转面模型

选择两条线，单击"修改|线"上下文选项卡→"形状"面板→"创建形状"→"实心形状"按钮，图形下方可选择两种不同的创建方式，可以选择以直线为轴旋转弧线，也可以选择两条线作为形状的两个边来形成面（图4.9）。

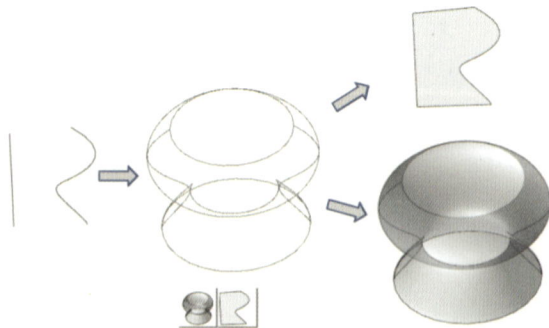

图4.9 生成旋转或面状体

（3）拉伸模型

使用"创建"选项卡→"绘制"面板中的绘制工具，在工作平面中绘制闭合轮廓线

条。选中闭合轮廓，单击"修改|线"上下文选项卡→"形状"面板→"创建形状"→"实心形状"按钮，创建拉伸实体。按 Tab 键可切换选择体量的点、线、面、体，选择后可通过拖拽三维控制箭头修改体量模型（图 4.10）。

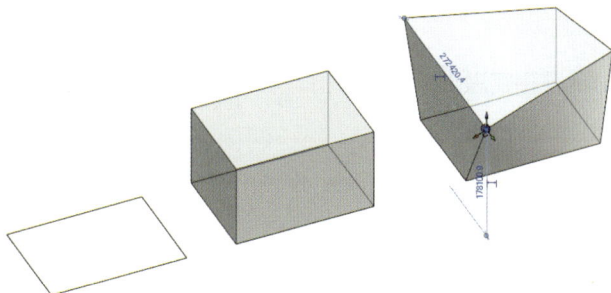

图 4.10　生成拉伸体

（4）融合模型

使用绘制工具在不同工作平面中绘制多个闭合轮廓，同时选择两个及以上闭合轮廓，单击"修改|线"上下文选项卡→"形状"面板→"创建形状"→"实心形状"按钮，创建融合体（图 4.11）。

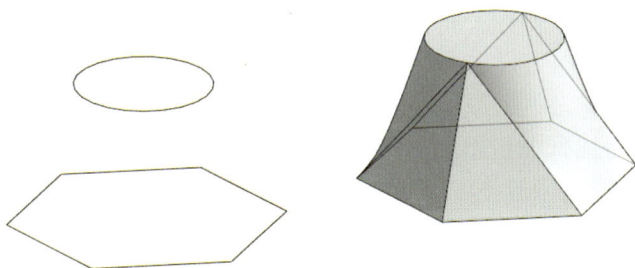

图 4.11　生成融合体

（5）旋转模型

使用绘制工具在工作平面中绘制一条直线和一个闭合轮廓，同时选中直线和轮廓，单击"修改|线"上下文选项卡→"形状"面板→"创建形状"→"实心形状"按钮，当线与闭合轮廓位于同一工作平面时，将以直线为轴旋转闭合轮廓创建形体（图 4.12）。

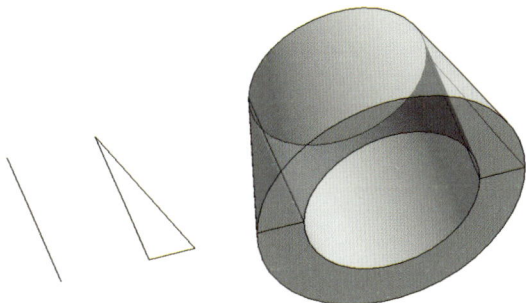

图 4.12　生成旋转体

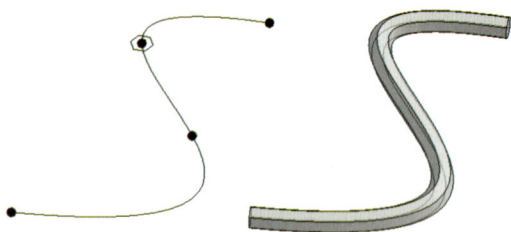

图 4.13　生成放样体

（6）放样模型

使用绘制工具绘制一条线作为路径，单击"修改"选项卡→"工作平面"面板→"设置"按钮 ，点选路径中的参照点，此时会在参照点出现与路径垂直的工作平面，即为当前工作平面。在该工作平面上绘制闭合轮廓，同时选中路径和轮廓，单击"修改|线"上下文选项卡→"形状"面板→"创建形状"→"实心形状"按钮，即可创建放样形体（图 4.13）。

（7）放样融合体

使用"创建"选项卡"绘制"面板中的绘制工具，在工作平面中绘制一条路径，单击"修改"选项卡→"工作平面"面板→"设置"按钮 ，依次点选路径中的参照点，将该点上的垂直面设置为当前工作平面，并绘制闭合轮廓。同时，选择多个闭合轮廓和路径，单击"修改|线"上下文选项卡→"形状"面板→"创建形状"→"实心形状"按钮，可以生成放样融合的体量（图 4.14）。

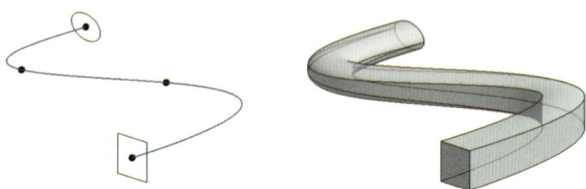

图 4.14　生成放样融合体

（8）空心体量

选中体量，设置属性面板中的"实心/空心"为"空心"，可将该构件转换为空心形状（图 4.15）。也可在选中线后，单击"修改|线"上下文选项卡→"形状"面板→"创建形状"→"空心形状"按钮 ，创建空心形状。

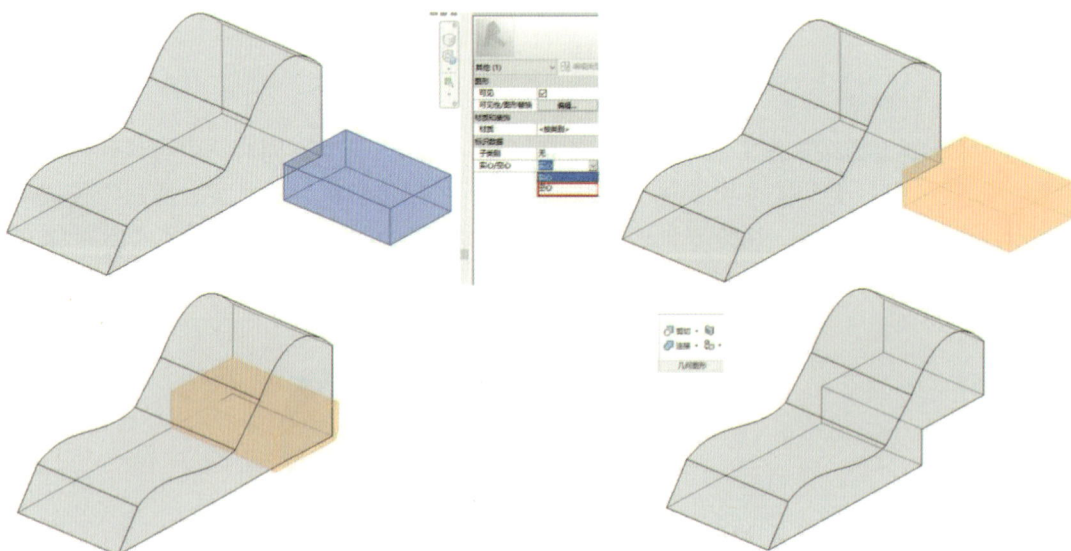

图 4.15　剪切实心物体

注意：空心形状有时不能自动剪切实心形状，单击"修改"选项卡→"几何图形"面板→"剪切"→"剪切几何图形"按钮，选择需要被剪切的实心形状后，单击空心形状，即可实现体量的剪切。

4.2.2　概念体量的编辑

1. 编辑草图

选择创建的体量，单击"修改|形式"上下文选项卡→"模式"面板→"编辑轮廓"按钮，修改作为三维形状基础的草图（图 4.16）。

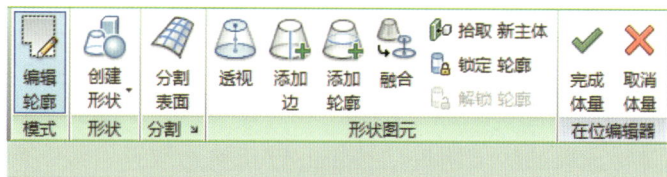

图 4.16　"模式"面板

使用绘制工具修改现有轮廓。单击"完成编辑模式"按钮✔，将修改应用到形状轮廓，也可以使用"工作平面查看器"沿工作平面编辑轮廓（图 4.17）。

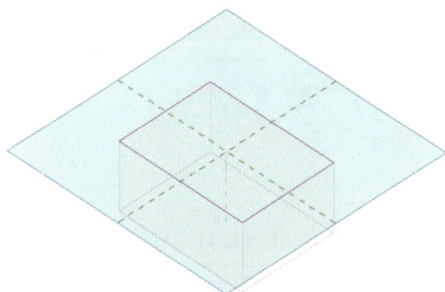

图 4.17　编辑轮廓界面

2. 编辑模型

选择体量，单击"修改|形式"上下文选项卡→"形状图元"面板→"透视"按钮，观察体量模型，如图 4.18 所示。透视模式将显示所选形状的基本几何骨架，这种模式更便于用户清楚地选择体量几何构架并对其进行编辑。再次单击"透视"按钮，将关闭透视模式。

编辑概念体量

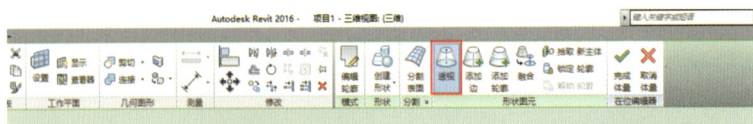

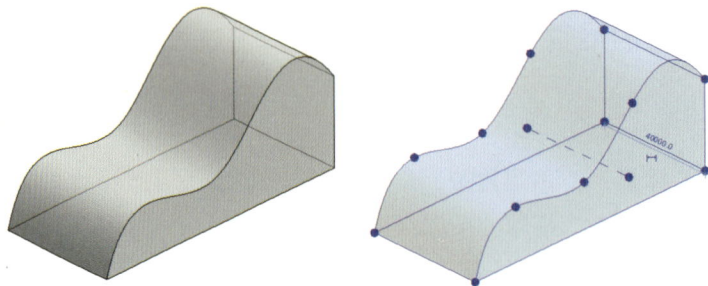

图 4.18　体量透视模式

（1）拖拽编辑

将光标放在需要选取的区域附近，按 Tab 键切换选取点、线、面，蓝色显示后单击，被选中的点、线或面会出现坐标系。当光标放在 X、Y、Z 任意坐标方向上时，该方向箭头将高亮显示，此时按住并拖拽光标，将在被选中的坐标方向移动点、线或面（图 4.19）。

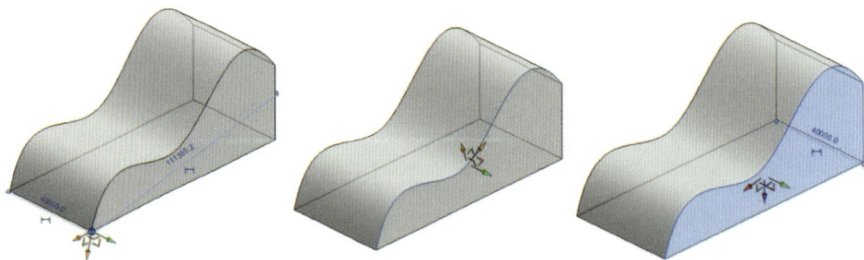

图 4.19　点、线、面拖拽编辑

（2）添加可编辑边

在创建体量时自动产生的边缘有时不能满足编辑需要，故 Revit 还提供了添加边的工具。选择体量，单击"修改|形式"上下文选项卡→"形状图元"面板→"添加边"按钮，将光标移动到体量面上，将出现新边的预览，在适当位置单击即完成新边的添加，同时也添加了与其他边相交的点，可选择该边或点通过拖拽的方式编辑体量（图 4.20）。

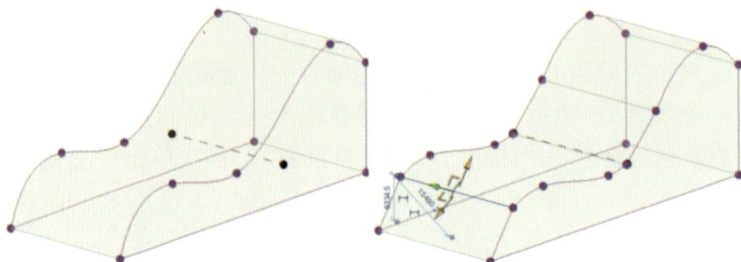

图 4.20　添加体量可编辑边

（3）添加可编辑轮廓

选择体量，单击"修改 | 形式"上下文选项卡→"形状图元"面板→"添加轮廓"按钮，将光标移动到体量上，将出现与初始轮廓平行的新轮廓的预览，在适当位置单击，将完成新的闭合轮廓的添加。新的轮廓将同时生成新的点及边缘线，可以通过对其操作来修改体量（图 4.21）。

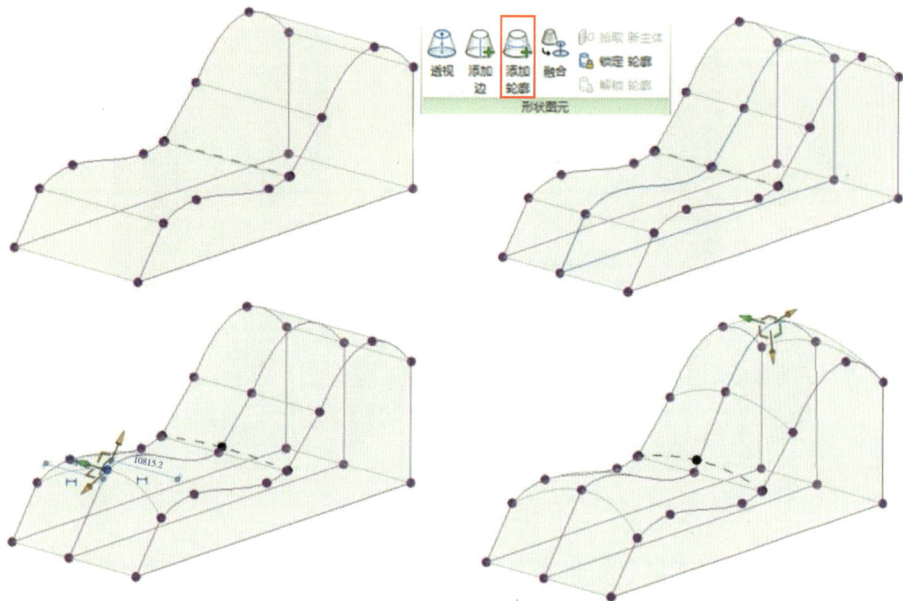

图 4.21　添加体量可编辑轮廓

选择体量中的某一轮廓，单击"修改 | 形式"上下文选项卡→"形状图元"面板→"锁定 轮廓"按钮，体量将简化为所选轮廓的拉伸，手动添加的轮廓将失效，并且操纵方式受到限制，而且锁定轮廓后无法再添加新轮廓（图 4.22）。

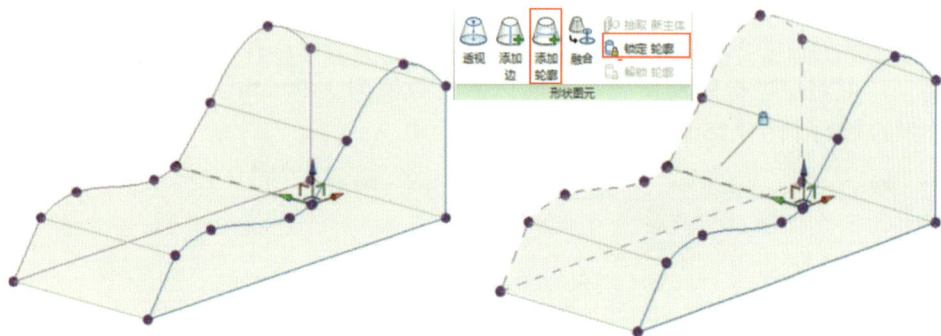

图 4.22　轮廓的锁定与解锁

选择被锁定的轮廓或体量，单击"修改 | 形式"上下文选项卡→"形状图元"面板→"解锁 轮廓"按钮，将取消对操纵柄的操作限制，添加的轮廓也将重新显示并可编辑，但不会恢复锁定轮廓前的形状。

3．体量分割面

（1）分割体量分割面

选择体量上任意面，单击"修改|形式"上下文选项卡→"分割"面板→"分割表面"按钮，UV 网格将对所选表面进行分割（图 4.23）。UV 网格彼此独立，并且可以根据需要开启和关闭。默认情况下，最初分割表面后，U 网格和 V 网格都处于启用状态。

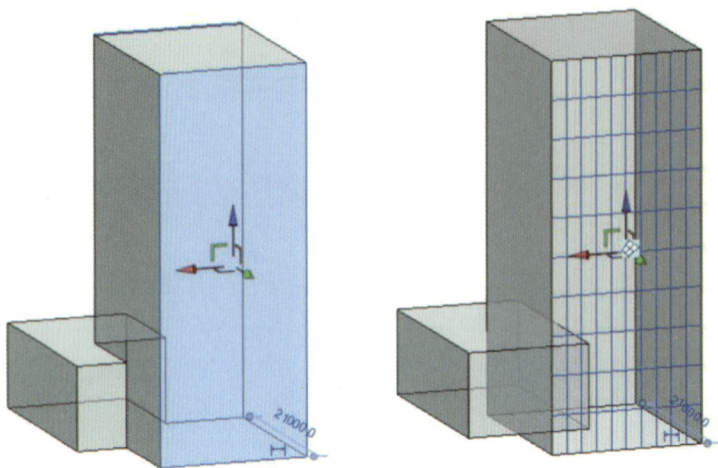

图 4.23　分割体量表面

单击"修改|分割的表面"上下文选项卡→"UV 网格和交点"面板→"U 网格"按钮，将关闭横向 U 网格；再次单击将开启 U 网格。关闭、开启 V 网格操作相同。

选择被分割的表面，选项栏可以设置 UV 排列方式："编号"即以固定数量排列网格，如图 4.24 中的设置，U 网格"编号"为 10，即共在表面上等距排布 10 个 U 网格。

图 4.24　表面分割 UV 向个数调整

如选中选项栏的"距离"单选按钮，在其下拉列表可以选择"距离""最大距离""最小距离"，可对应进行距离设置。下面以距离数值为 3000mm 为例介绍三个选项对 U 网格排列的影响（图 4.25）。

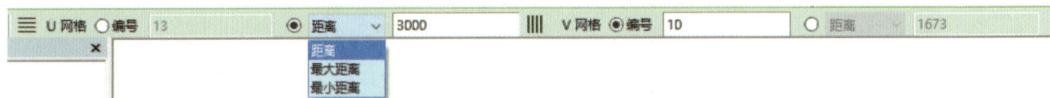

图 4.25　表面分割 UV 向距离调整

1）距离 3000mm：表示以固定间距 3000mm 排列 U 网格，第一个和最后一个不足 3000mm 也自成一格。

2）最大距离 3000mm：以不超过 3000mm 的相等间距排列 U 网格，如总长度为 11000mm，将等距产生 U 网格 4 个，即每段 3000mm 排布 3 条 U 网格还有剩余长度，为了保证每段都不超过 3000mm，将等距生成 4 条 U 网格。

3）最小距离 3000mm：以不小于 3000mm 的相等间距排列 U 网格，如总长度为 11000mm，将等距产生 U 网格 3 个，最后一个剩余的 2000mm 的距离将均分到其他网格。

V 网格的排列设置与 U 网格相同。

（2）填充体量分割面

选择分割后的表面，可在属性面板中选择填充图案，默认为"无填充图案"，可以为已分割的表面填充图案，如选择"三角形棋盘（扁平）"（图 4.26）。

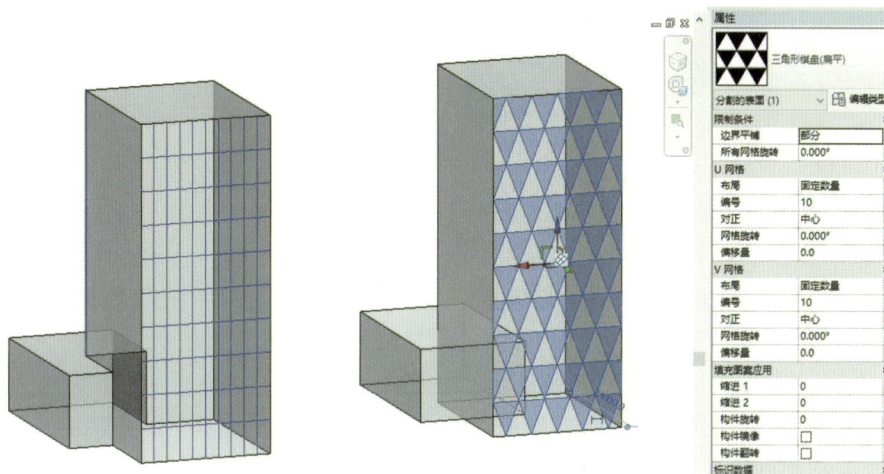

图 4.26　填充分割表面图案

选择填充图案，可在属性面板中设置"边界平铺"方式（空、部分或悬挑），用于确定填充图案与表面边界相交的方式。

1）空［图 4.27（a）］：删除与边界相交的填充图案。

2）部分［图 4.27（b）］：边缘剪切超出的图案填充。

3）悬挑［图 4.27（c）］：完整显示与边缘相交的填充图案。

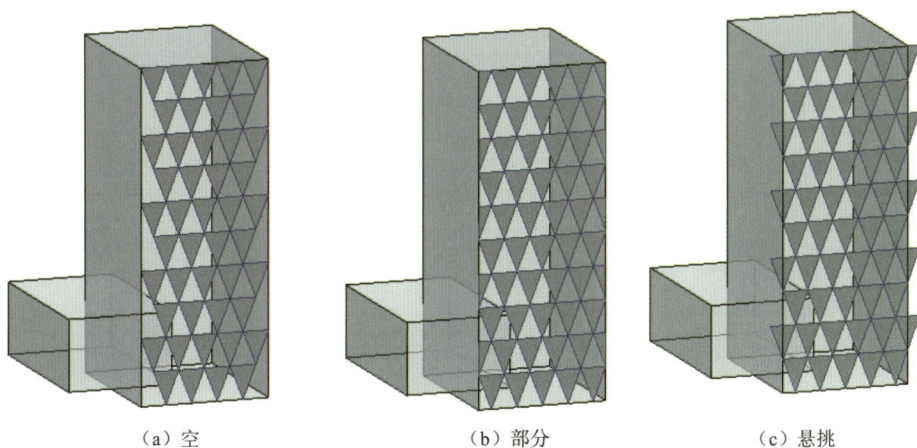

（a）空　　　　　　　　（b）部分　　　　　　　　（c）悬挑

图 4.27　填充图案与表面边界相交方式

所有网格旋转：旋转 UV 网格及为表面填充图案（图 4.28）。

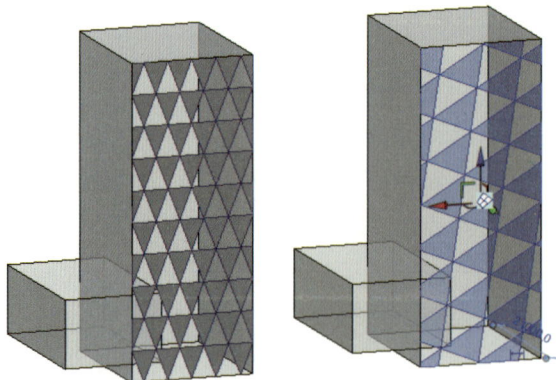

图 4.28　旋转填充图案

属性面板中，UV 网格的"布局""距离"的设置等同于选择分割过的表面后选项栏的设置。

1）对正：此选项设置 UV 网格的起点，可以设置"起点""中心""终点"三种样式。

2）网格旋转：分别旋转 U、V 方向的网格或填充图案的角度。

3）偏移：调整 U、V 网格对正的起点位置。

单击"插入"选项卡→"从库中载入"面板→"载入族"按钮，弹出"载入族"对话框，在默认的族库文件夹中双击打开"按填充图案划分的幕墙嵌板"文件夹（图 4.29），载入可作为幕墙嵌板的构件族，从而实现不同样式的幕墙效果。

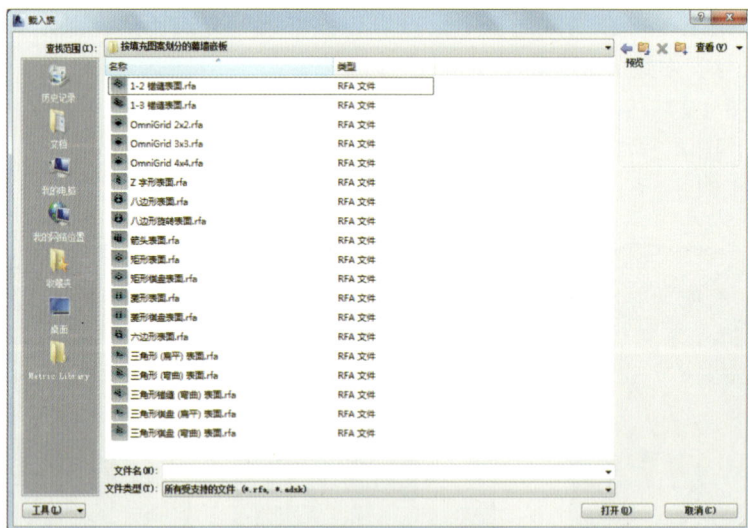

图 4.29　族库中按填充图案划分幕墙嵌板文件夹内容

（3）表面表示

选择体量被分割或被填充图案或填充幕墙嵌板构件的表面，单击"修改 | 分割的表面"上下文选项卡→"表面表示"面板→"表面"→"填充图案"→"构件"按钮，可

用于设置面的显示。默认单击"表面"按钮将关闭 UV 网格，显示原始表面。"填充图案"与"构件"与"表面"操作相同（图 4.30）。

图 4.30　"表面表示"面板

单击"表面表示"面板右下角箭头，将弹出"表面表示"对话框（图 4.31），可设置表面、填充图案、显示构件，选中相关内容后，无须单击"确定"按钮即可预览效果。

图 4.31　"表面表示"对话框

4．连接几何图形

创建、编辑完成多个内建体量后，如体量有交叉，可以单击"修改"选项卡→"几何图形"面板→"连接"下拉按钮，在打开的下拉列表中选择"连接几何图形"命令，在绘图区域依次单击两个有交叉的体量，即可清理体量重叠的部分（图 4.32）。

图 4.32　连接几何图形

选择"取消连接几何图形"命令，单击任意一个被连接的体量，即可取消连接。

4.2.3 体量的面模型

Revit 的"面模型"工具可以将体量的面转换为建筑构件，如墙、楼板、屋顶等，以便继续深化设计方案。

体量面模型

1. 在项目中放置体量

如果在项目中绘制了内建体量，则完成体量可使用"面模型"工具细化体量方案。如需使用体量族，则单击"体量和场地"选项卡→"概念体量"面板→"放置体量"按钮，将弹出 Revit 提示对话框（图 4.33），单击"是"按钮将弹出"载入"对话框，选择需要的体量族，单击"打开"按钮即可载入体量族。

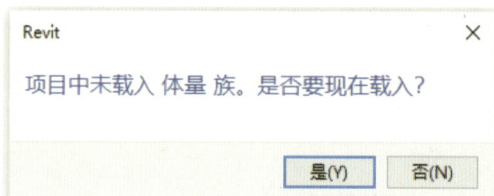

图 4.33 载入体量族提示

若需要将体量放置在构件面上，则使用"修改 | 放置 放置体量"上下文选项卡→"放置"面板→"放置在面上"工具，即可将其放置在现有的构件面上（图 4.34）。

如不需要放置在构件面上，则使用"修改 | 放置 放置体量"上下文选项卡→"放置"面板→"放置在工作平面上"工具，即可放置体量族。

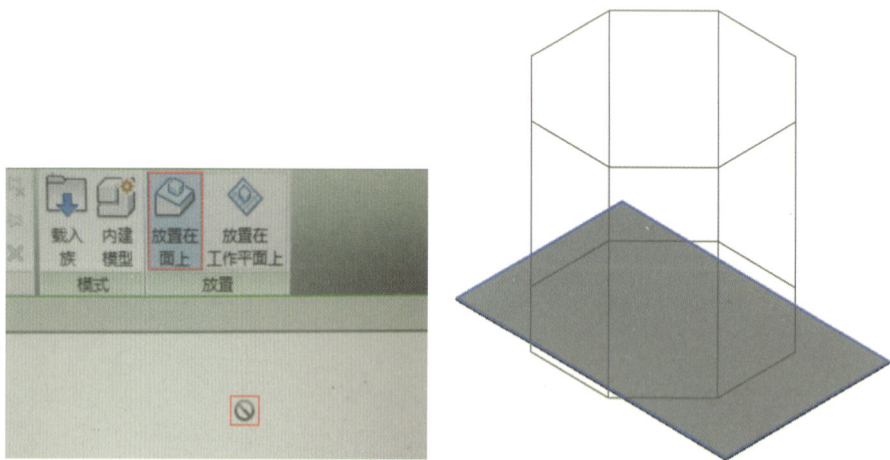

图 4.34 体量放置在面上

2. 创建体量的面模型

新建项目文件，单击"体量和场地"选项卡→"概念体量"面板→"内建体量"按钮，在弹出的"名称"对话框中输入体量名称，单击"确定"按钮。

打开"标高 1"平面视图，单击"创建"选项卡→"绘制"面板→"圆形"按钮，绘制半径为 10m 的圆；单击"创建"选项卡→"绘制"面板→"矩形"按钮，绘制长50m、宽 30m 的矩形（图 4.35）。

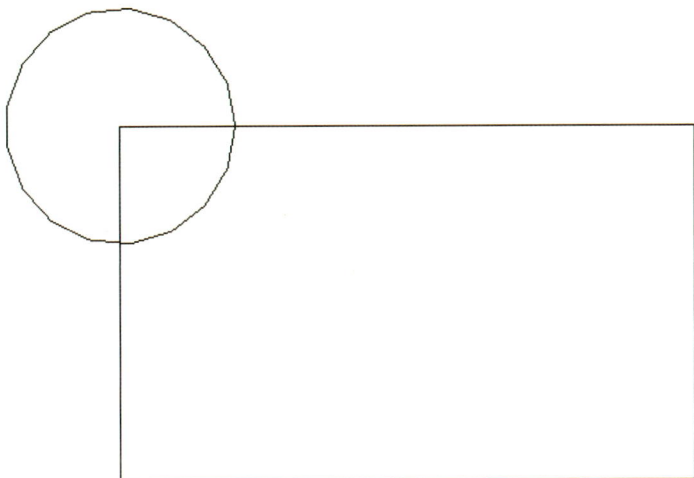

图 4.35　体量平面尺寸

打开三维视图，选择圆形轮廓，单击"修改 | 线"上下文选项卡→"形状"面板→"创建形状"→"实心形状"按钮，创建实心形状。选择圆柱上表面，修改圆柱体高度为 24m；选择矩形轮廓，单击"修改 | 线"上下文选项卡→"形状"面板→"创建形状"→"实心形状"按钮，创建实心形状，修改长方体高度为 18m。

单击"修改"选项卡→"几何图形"面板→"连接"下拉按钮，在打开的下拉列表中选择"连接几何图形"命令，依次单击交叉的体量，连接长方体与圆柱体（图 4.36）。单击"在位编辑器"面板→"完成体量"按钮 ✅，完成体量的创建。

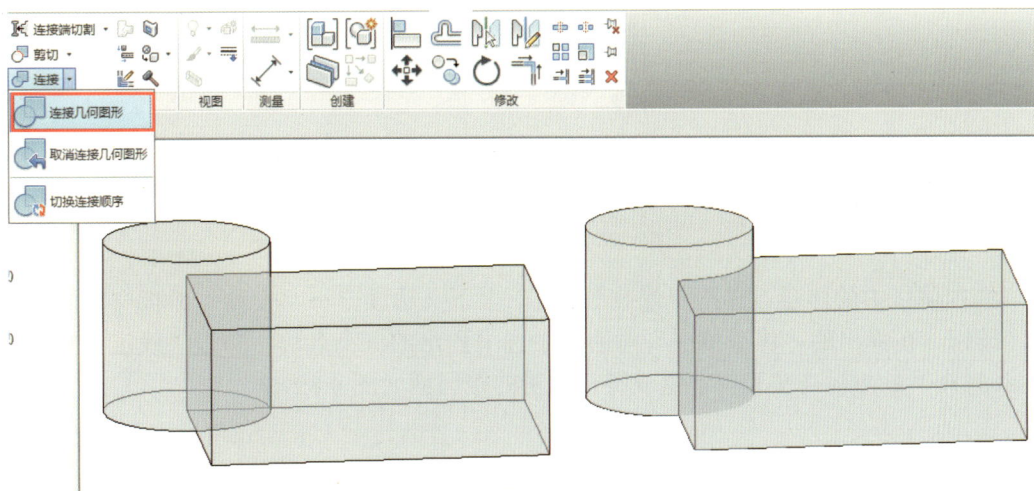

图 4.36　连接体量

在项目文件中切换到任一立面视图，按需要绘制标高（图 4.37）。

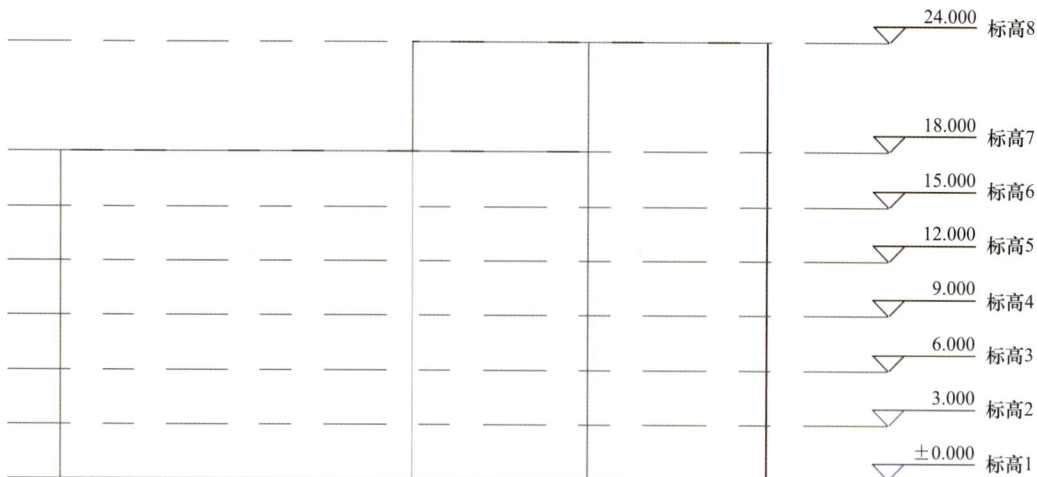

<table>
<tr><td>24.000</td><td>标高8</td></tr>
<tr><td>18.000</td><td>标高7</td></tr>
<tr><td>15.000</td><td>标高6</td></tr>
<tr><td>12.000</td><td>标高5</td></tr>
<tr><td>9.000</td><td>标高4</td></tr>
<tr><td>6.000</td><td>标高3</td></tr>
<tr><td>3.000</td><td>标高2</td></tr>
<tr><td>±0.000</td><td>标高1</td></tr>
</table>

图 4.37　绘制项目标高

单击"视图"选项卡→"创建"面板→"平面视图"→"楼层平面"按钮，在弹出的"新建楼层平面"对话框中选择所有标高，单击"确定"按钮，为新建标高创建楼层视图（图 4.38）。

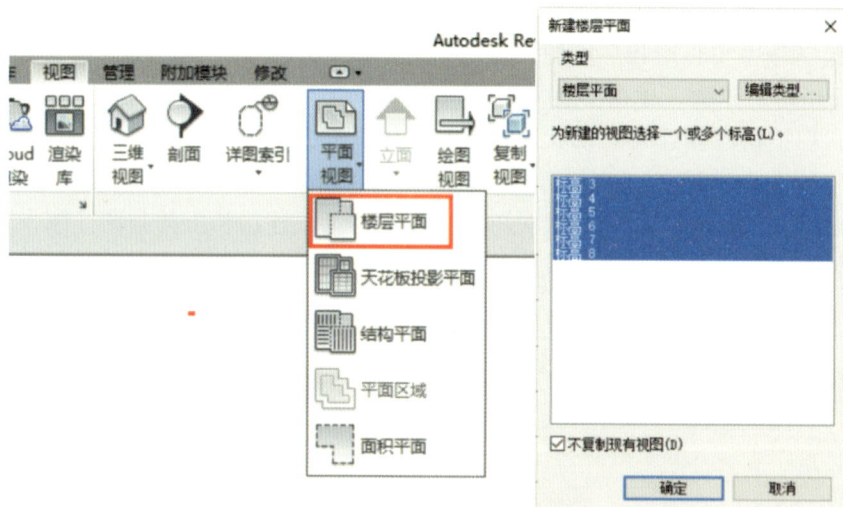

图 4.38　创建项目楼层平面

选择项目中的体量，单击"修改 | 体量"上下文选项卡→"模型"面板→"体量楼层"按钮，在弹出的"体量楼层"对话框中选中列出的标高名称，单击"确定"按钮，Revit 将在体量与标高交叉位置生成符合体量的楼层面（图 4.39）。

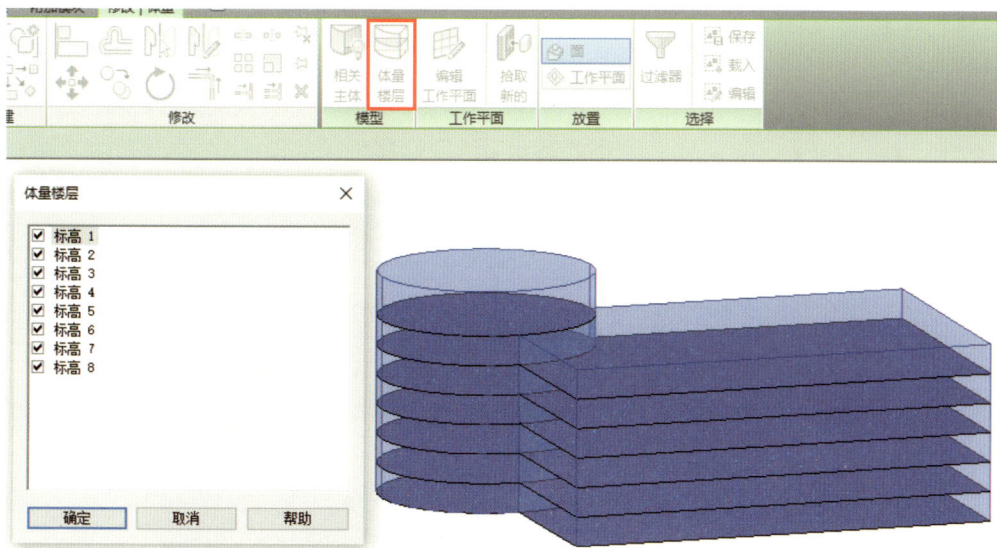

图 4.39　生成体量楼层

单击"体量和场地"选项卡→"面模型"面板→"屋顶"按钮，在绘图区域单击选择体量的顶面，再单击"修改 | 放置面屋顶"上下文选项卡→"多重选择"面板→"创建屋顶"按钮，即可将顶面转换为屋顶的实体构件（图 4.40）。

图 4.40　生成体量屋面

选择生成的屋顶，在属性面板中可对屋顶类型进行编辑修改。

单击"体量和场地"选项卡→"面模型"面板→"楼板"按钮，在绘图区域选择体量楼层（或直接框选体量，Revit 将自动识别所有被框选的楼层），单击"修改 | 放置面楼板"上下文选项卡→"多重选择"面板→"创建楼板"按钮，即可在被选择的楼层面

上创建实体楼板（图4.41）。单击生成的楼板，在属性面板中可对楼板的规格进行编辑。

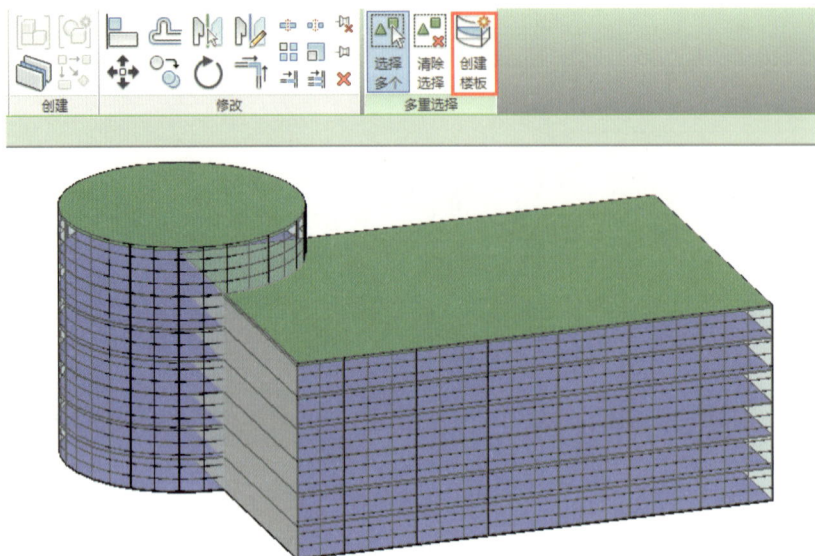

图4.41　生成体量楼板

　　单击"体量和场地"选项卡→"面模型"面板→"幕墙系统"按钮，在属性面板中编辑设置幕墙网格尺寸及竖梃规格等参数。在绘图区域依次单击选择需要创建幕墙系统的面，单击"修改|放置面幕墙系统"上下文选项卡→"多重选择"面板→"创建系统"按钮，即可创建幕墙系统（图4.42）。

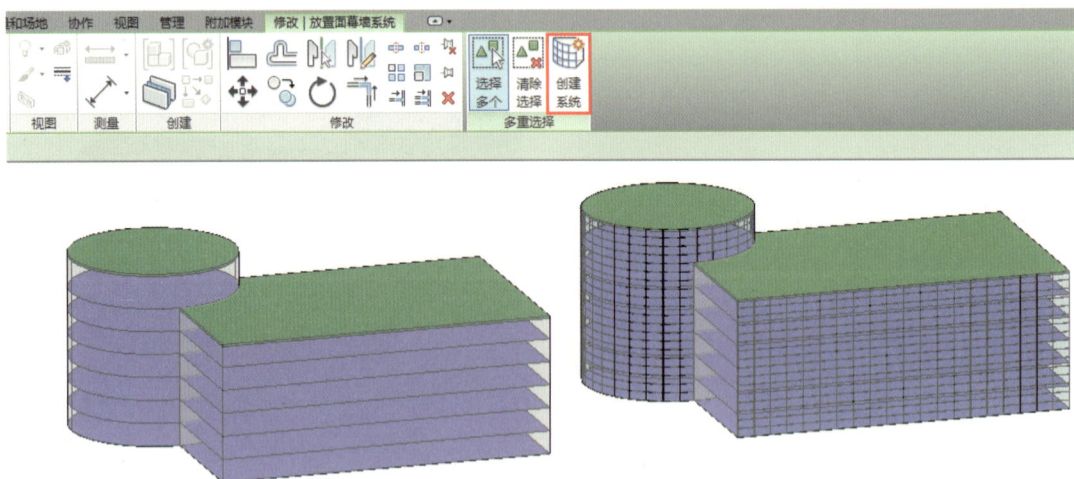

图4.42　生成体量幕墙

　　单击"体量和场地"选项卡→"面模型"面板→"墙"按钮，在属性面板中选择墙的类型，在绘图区域单击选择需要创建墙体的面，即可生成面墙（图4.43）。

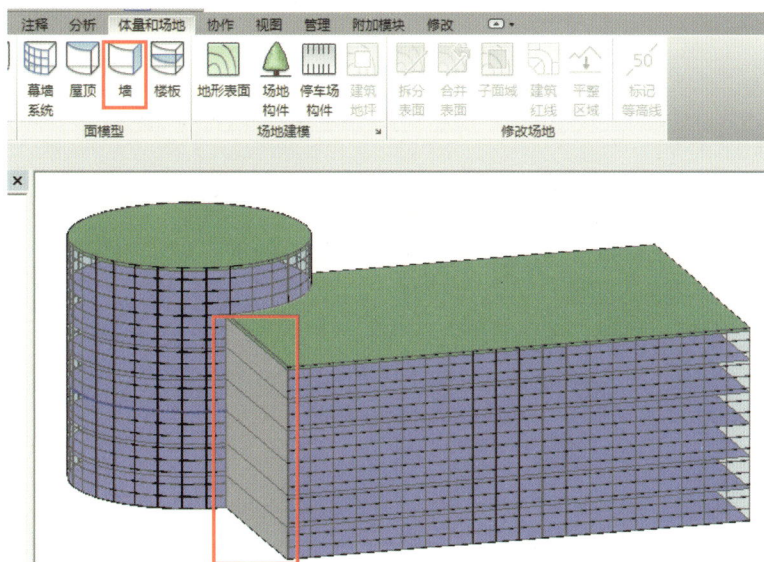

图 4.43　生成体量面墙

　　内建体量可以通过拖拽的方式调整形体，对于载入的体量族也可以通过其图元属性修改体量的参数，从而实现修改体量的目的。体量变更后，通过"面模型"工具创建的建筑图元不会自动进行更新，可以"重做"图元以适应体量面的当前大小和形状。

　　如图 4.44 所示，若将体量立方体进行拉长，则可以从右下角框选体量上的构件，单击"修改 | 选择多个"上下文选项卡→"选择"面板→"过滤器"按钮，选择"屋顶""幕墙系统""楼板"等构件，单击"确定"按钮后，选择"修改 | 选择多个"上下文选项卡→"面模型"面板→"面的更新"按钮 ，则图元进行更新。

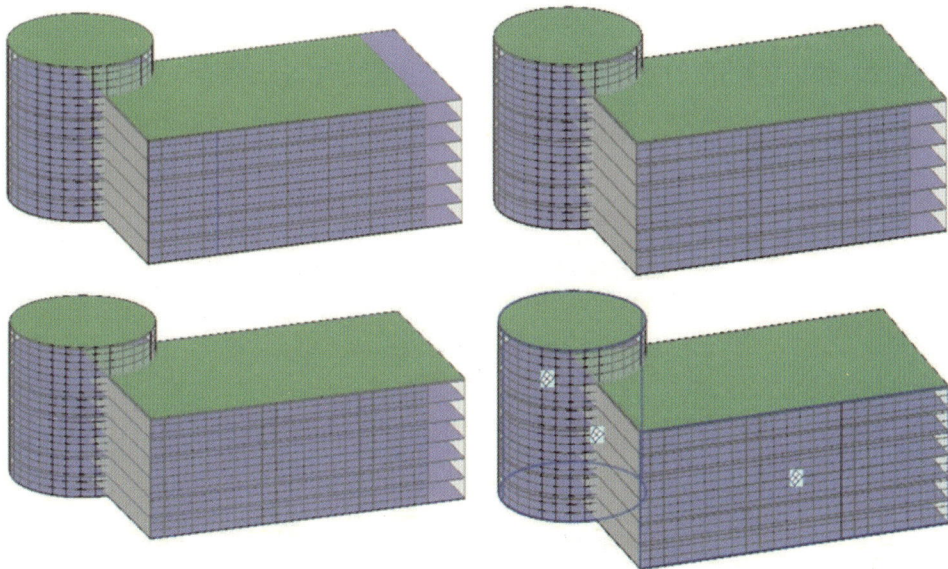

图 4.44　修改体量模型

项目拓展

1. 内建体量的可见性设置

默认体量为不可见，为了创建体量，可以使用两种方法显示内建体量。

方法一：在当前视图的属性面板中单击"可见性/图形替换"右侧的"编辑"按钮，在弹出的对话框中选中"模型类别"栏目下的"体量"复选框（图 4.45）。

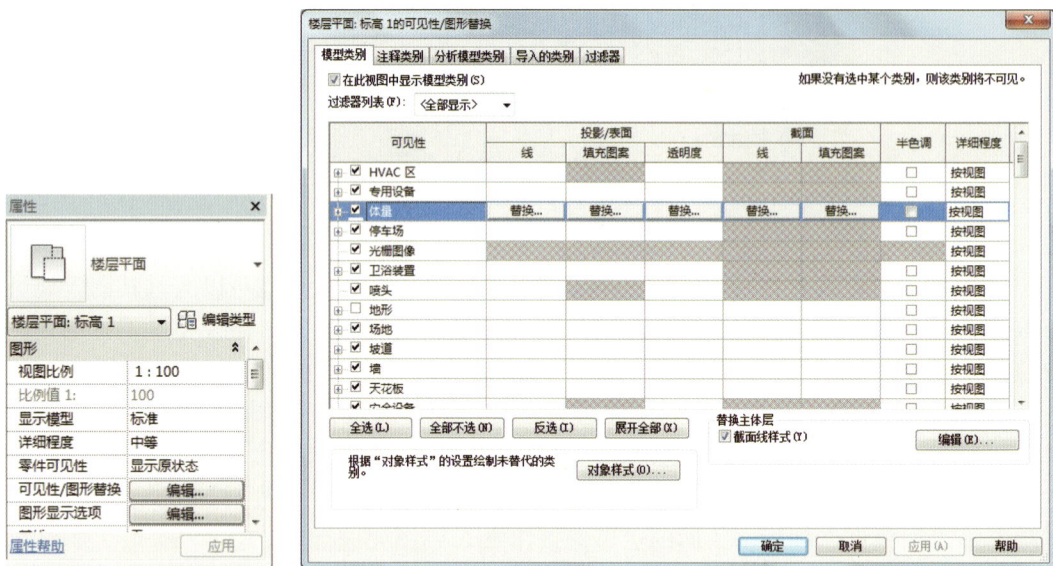

图 4.45　设置体量模型可见性

方法二：如果在单击"内建体量"按钮时尚未激活"显示体量"模式，则 Revit 会自动将"显示体量"激活，并弹出"体量 - 显示体量已启动"对话框，此时直接单击"关闭"按钮即可（图 4.46）。

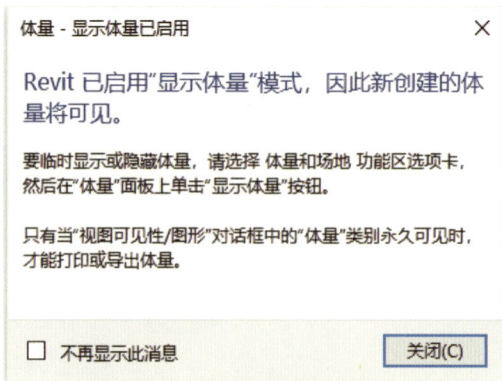

图 4.46　显示体量面板

2. UV 网格

UV 网格是用于非平面表面的坐标绘图网格。三维空间中的绘图位置基于 XYZ 坐标系，而二维空间则基于 XY 坐标系。由于表面不一定是平面，因此绘制位置时采用 UVW 坐标系。这在图纸上表示为一个网格，针对非平面表面或形状的等高线进行调整。UV 网格用在概念设计环境中，相当于 XY 网格，即两个方向默认垂直交叉的网格。

习　题

1. 下列选项中，（　　）不属于体量族和内建体量具有的实例参数。

    A．楼层面积　　　　　　　　　　B．总体积

    C．总表面积　　　　　　　　　　D．底面积

2. 选用预先做好的体量族，正确的命令是（　　）。

    A．使用"创建体量"命令

    B．使用"放置体量"命令

    C．使用"构件"命令

    D．使用"导入 / 链接"命令

3. 下列表述方法中，正确的是（　　）。

    A．两个体量被连接起来就合成一个主体

    B．两个有重叠的体量被连接起来就合成一个主体

    C．两个体量被连接起来仍是两个主体

    D．A 和 B 的表述都是正确的

4. 打开属性面板正确的方法是（　　）。

    A．在绘图区任意位置右击，在弹出的快捷菜单中选择"属性"命令

    B．在项目浏览器中单击"修改"按钮，再单击"属性"按钮

    C．按 Alt+1 组合键

    D．按 d+d 组合键

5. "镜像 – 拾取轴"命令的默认快捷键为（　　）。

    A．D+M　　　　　　　　　　　　B．M+M

    C．A+L　　　　　　　　　　　　D．C+O

6. 如果无法修改玻璃幕墙的网格间距，可能的原因是（　　）。

    A．未点开锁工具　　　　　　　　B．幕墙尺寸不对

    C．竖挺尺寸不对　　　　　　　　D．网格间距有一定限制

7. 为幕墙上所有的网格线加上竖挺，选择（　　）命令。

    A．"单段网格线"　　　　　　　　B．"整条网格线"

    C．"全部空线段"　　　　　　　　D．按住 Tab 键

8．在体量族的设置参数中，以下不能录入明细表的参数是（　　　）。

A．总体积 　　　　　　　　　B．总表面积

C．总楼层面积 　　　　　　　D．总建筑面积

9．以下命令对应的快捷键，错误的是（　　　）。

A．复制：Ctrl+C 　　　　　　B．粘贴：Ctrl+V

C．撤销：Ctrl+X 　　　　　　D．恢复：Ctrl+Y

10．根据给定尺寸创建塔状结构模型，材质为"花岗岩"，塔状结构整体中心对称（图 4.47）［2020 年第五期"1+X"建筑信息模型（BIM）初级］。

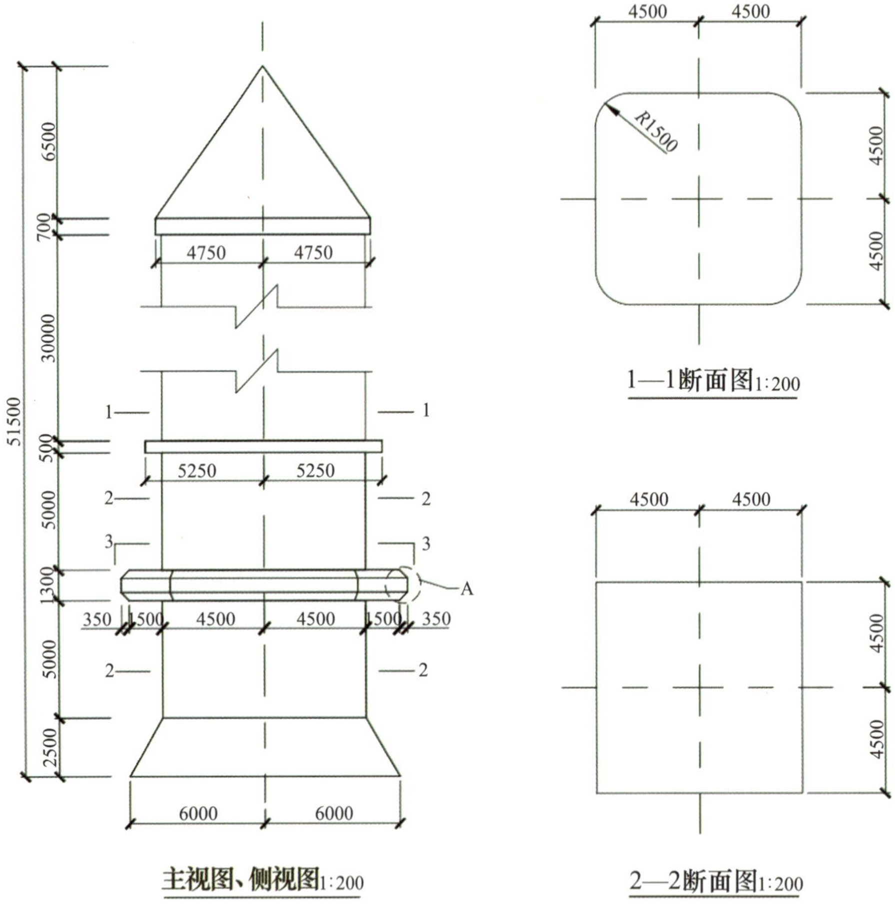

图 4.47　塔状结构图纸

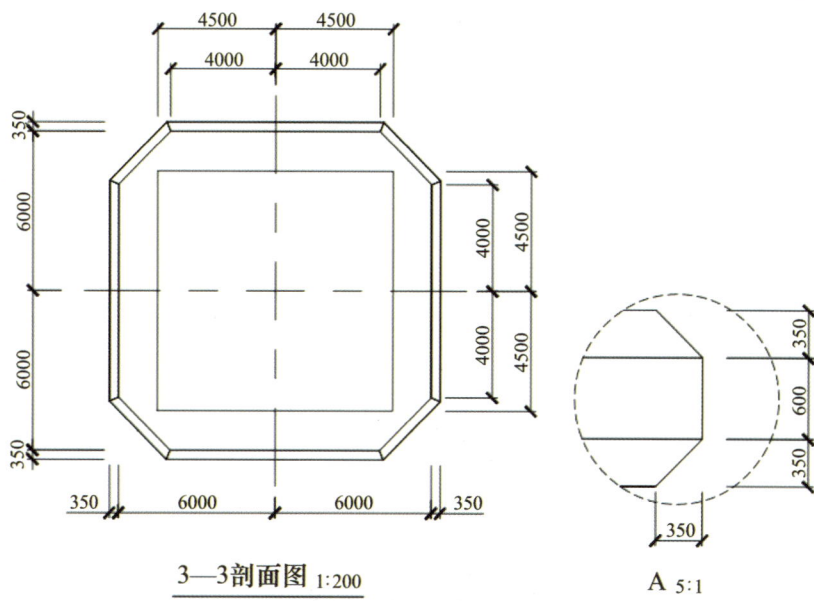

3—3剖面图 1:200

A 5:1

图 4.47（续）

11. 按照要求创建图 4.48 所示体量模型。半圆圆心对齐。将上述体量模型创建幕墙，幕墙系统为网格布局 1000mm×600mm（横向竖梃间距为 600mm，竖向竖梃间距为 1000mm）；幕墙的竖向网格中心对齐，横向网格起点对齐；网格上均设置竖梃，竖梃均为圆形竖梃，半径为 50mm。创建屋面女儿墙及各层楼板［2020 年第二期"1+X"建筑信息模型（BIM）初级］。

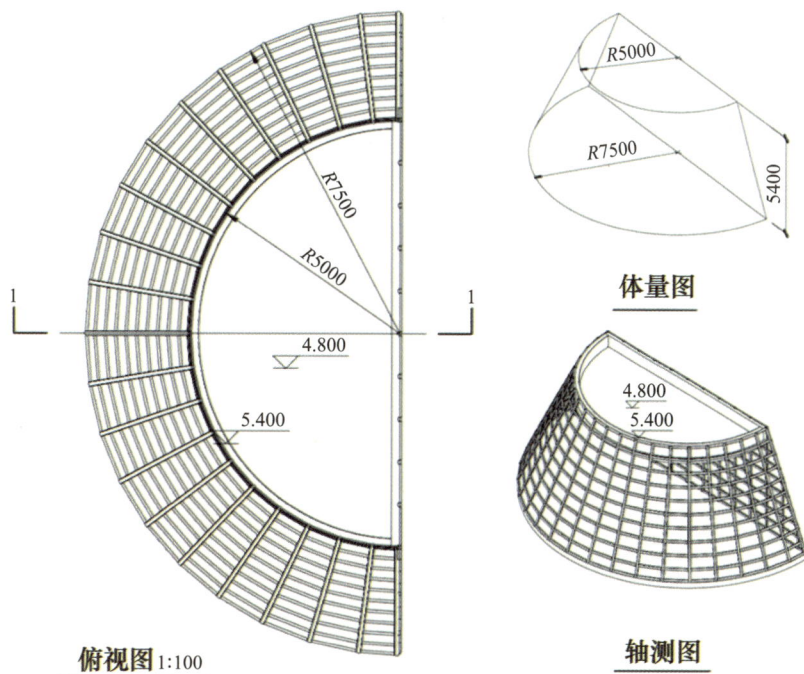

体量图

俯视图 1:100

轴测图

图 4.48　半圆台体量模型图纸

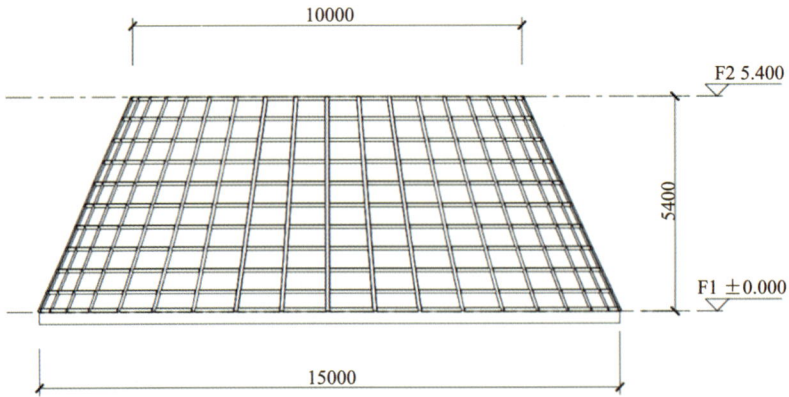

西立面图 1:100

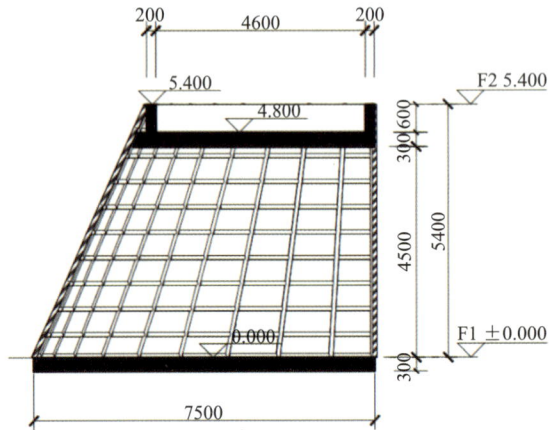

1—1剖面图 1:100

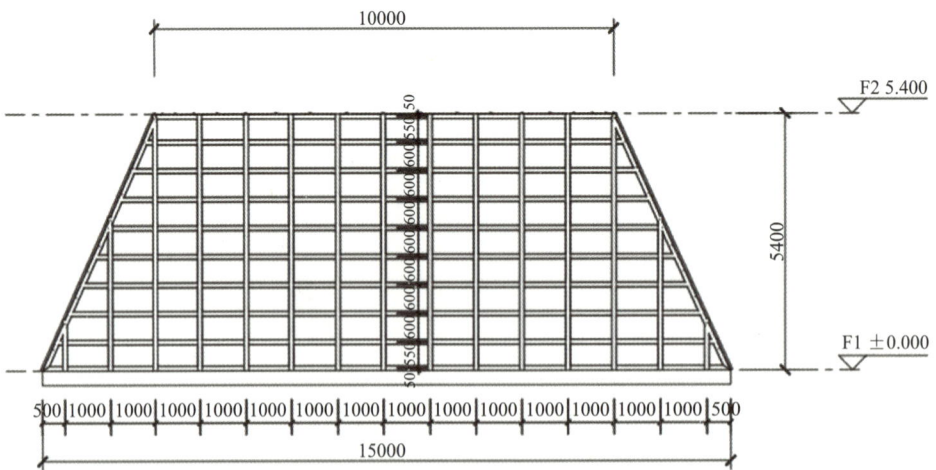

东立面图 1:100

图 4.48（续）

项目 5

BIM 成果输出

项目完成目标

■知识目标

掌握标记、标注、注释的编辑与创建，了解模型文件的管理与数据交互。

■能力目标

掌握创建和编辑明细表，掌握图纸的管理；熟悉视图渲染的方法，熟悉漫游动画的创建。

■素质目标

提高团队协作能力，培养务实创新的职业素养。

项目分析说明

在 Revit 中不仅能输出相关的平面文档和数据表格，还可以利用 Revit 的表现功能对模型进行展示。明细表可以帮助用户从所创建的 Revit 模型中获取项目应用所需要的各类项目信息，并以应用表格的形式直观地表达出来。Revit 中内置了 Mentalray 渲染器，操作简便，可以对已完成的模型和视图进行更真实的渲染表现。本项目将以项目二创建的别墅模型为例，介绍 Revit 软件成果输出的内容与方法。

任务 5.1 图纸管理

5.1.1 标记与注释

1．尺寸标注

（1）标注轴线尺寸

单击"注释"选项卡→"尺寸标注"面板→"对齐"按钮，在属性面板中选择合适的标注类型；也可以通过"编辑类型"设置"颜色""文字大小"等。

打开 F1 平面视图，依次单击轴线，对轴线进行尺寸标注，并标注总尺寸，如图 5.1 所示。

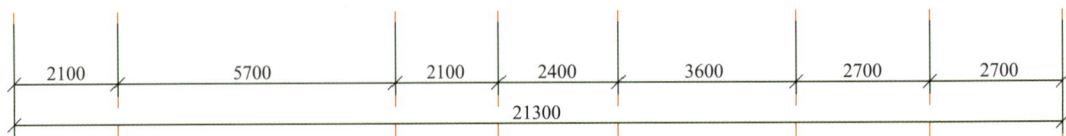

| 2100 | 5700 | 2100 | 2400 | 3600 | 2700 | 2700 |

21300

图 5.1 标注轴线尺寸

"尺寸标注"面板中还有"线性""角度""径向""直径""弧长"等标注按钮，用于完成对不同对象的标注。

（2）标注立面高程

打开"南"立面视图，单击"注释"选项卡→"尺寸标注"面板→"高程点"按钮，在属性面板中选择合适的标注类型，单击标注高程点（图 5.2）。

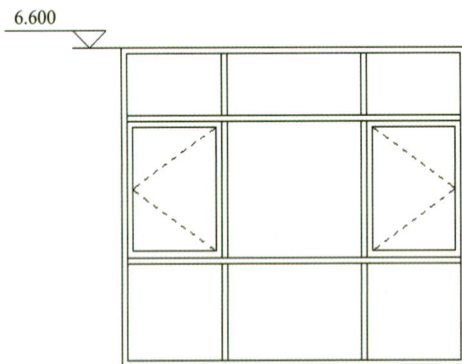

6.600

图 5.2 标注高程点

2．符号

单击"注释"选项卡→"符号"面板→"符号"按钮，在属性面板中可查看到相应的符号类型，包括指北针、排水箭头等；也可以通过"载入族"命令载入其他需要的符号类型。

3．门窗标记

单击"注释"选项卡→"标记"面板→"全部标记"按钮，在弹出的对话框中选择"门标记""窗标记"类别，依次单击"应用""确定"按钮，对门窗进行标记。

5.1.2　创建图纸

图纸管理

1．创建与编辑图纸

Revit 可以将项目中的视图、图纸打印或导出为 CAD 格式。

单击"视图"选项卡→"图纸组合"面板→"图纸"按钮，在弹出的"新建图纸"对话框中选择需要的图纸，单击"确定"按钮，创建 A2 图纸（图 5.3）；或者，找到项目浏览器中的"图纸（全部）"并右击，在弹出的快捷菜单中选择"新建图纸"命令，即可创建 A2 图纸。

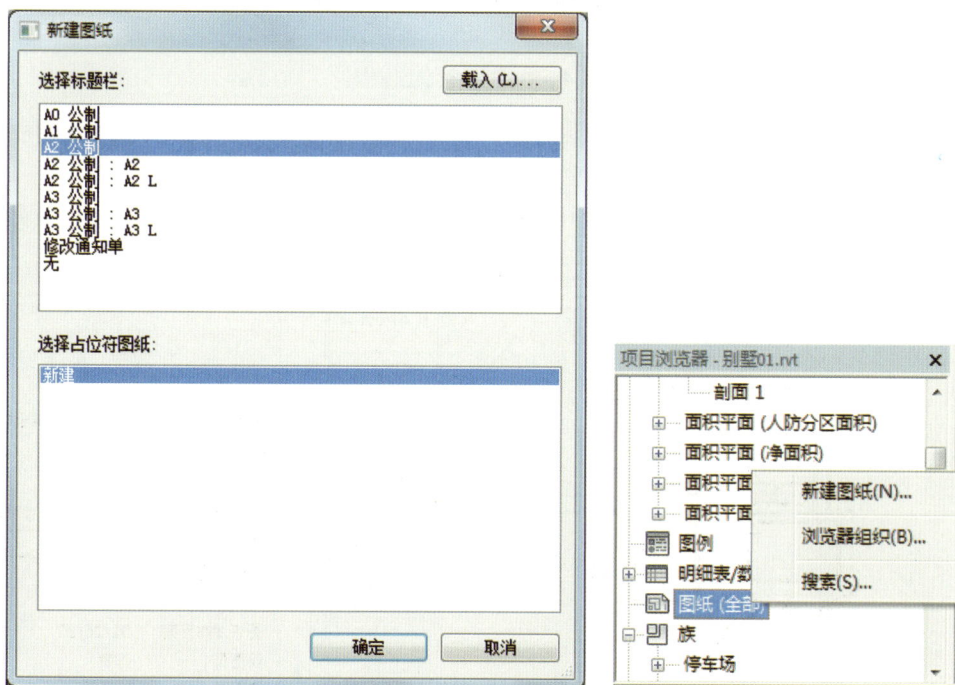

图 5.3　创建图纸

此时，视图中会自动显示新建的图纸，并在项目浏览器中的"图纸"列表中自动添加图纸"J0-11- 未命名"。在图纸名称"J0-11- 未命名"上右击，可以重命名图纸为"首层平面图"。

创建图纸后，可以在图纸中添加一个或多个视图。放置视图有两种方式：

1）单击"视图"选项卡→"图纸组合"面板→"视图"按钮，在弹出的"视图"

对话框中选择需要添加到图纸中的视图（图 5.4），如"楼层平面：F1"，单击"在图纸中添加视图"按钮，将光标移动到图纸合适位置处放置视图。

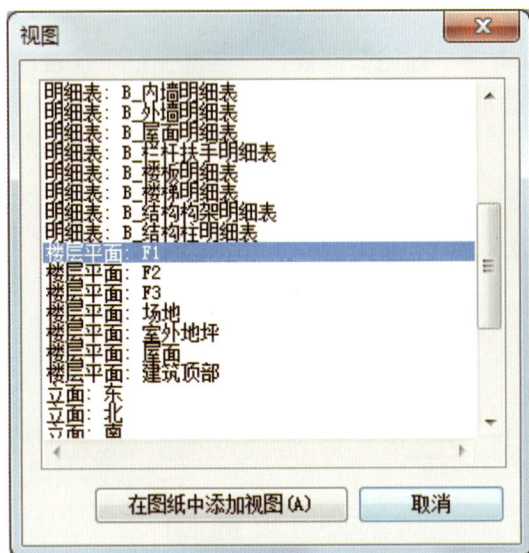

图 5.4　在图纸中添加视图

2）打开"首层平面图"图纸视图，选中项目浏览器中需要放置的视图名称（如 F1），将该视图从项目浏览器列表中拖拽到图纸合适位置处放置视图。

选中图框，单击可以修改图框中的信息，也可以通过属性面板进行修改（图 5.5）。

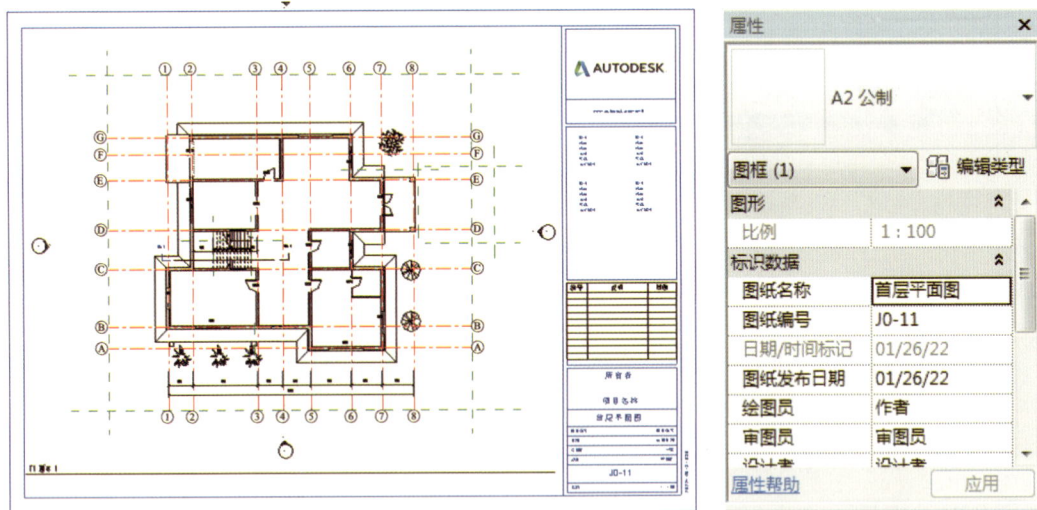

图 5.5　修改图框信息

在图纸中选中 F1 视图，可以通过属性面板修改比例、视图名称等信息（图 5.6）。同时，可以单击修改图名，并调整标题底线到适合的长度。选中图纸标题，可以拖拽图纸标题位置。

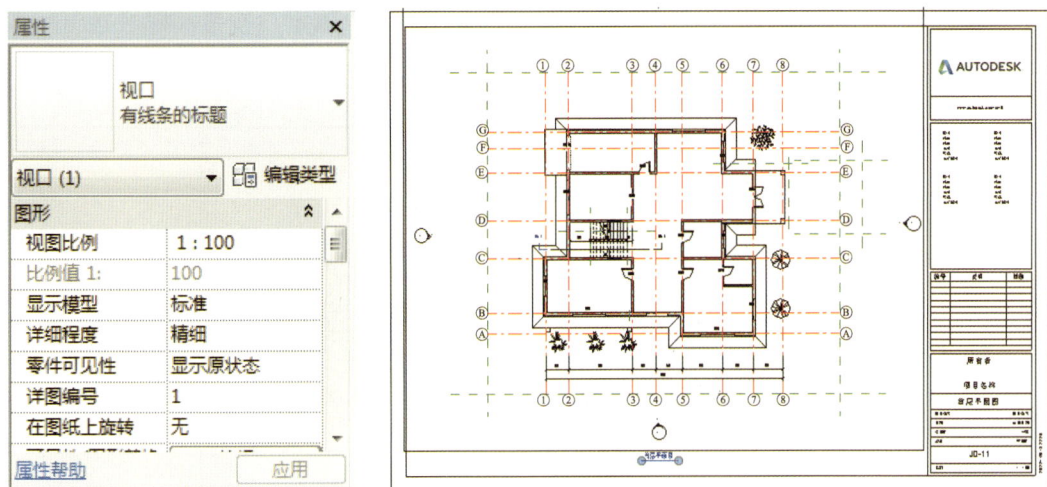

图 5.6　修改视图属性

在图纸中选中 F1 视图，选中属性面板中的"裁剪区域可见"复选框（图 5.7），单击"修改 | 视口"上下文选项卡→"视口"面板→"激活视图"按钮，单击视图裁剪区域，通过拖拽蓝色圆点即可调整视图区域范围的大小，双击空白区域退出视图编辑。

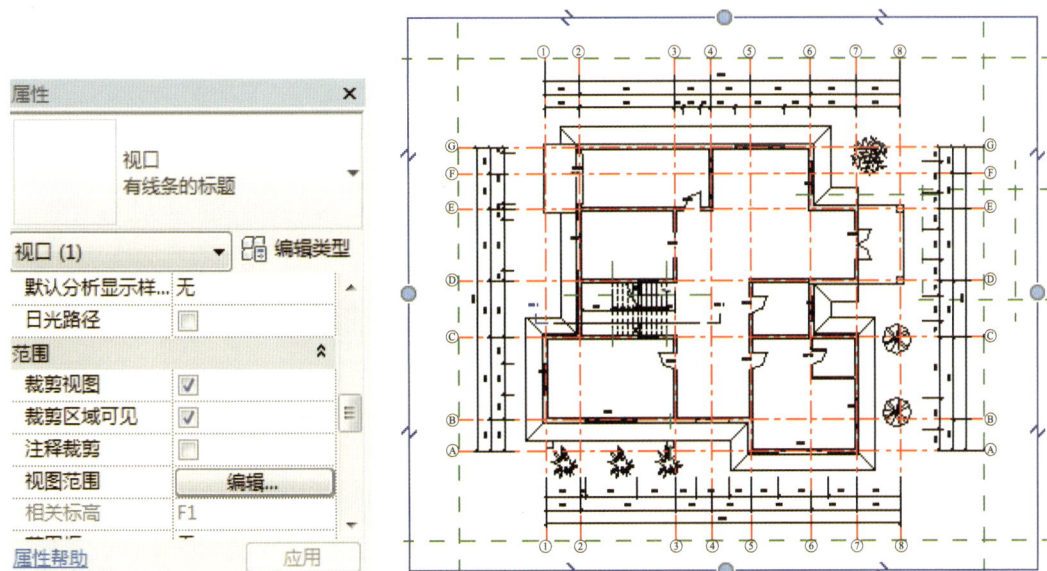

图 5.7　修改视图区域

2. 导出图纸

单击应用程序菜单，选择"导出"→"CAD 格式"→"DWG"命令，弹出"DWG 导出"对话框，单击"下一步"按钮，在弹出的"导出 CAD 格式 – 保存到目标文件夹"

对话框中选择保存路径及文件类型，输入文件名字，单击"确定"按钮，即可导出图纸（图5.8）。

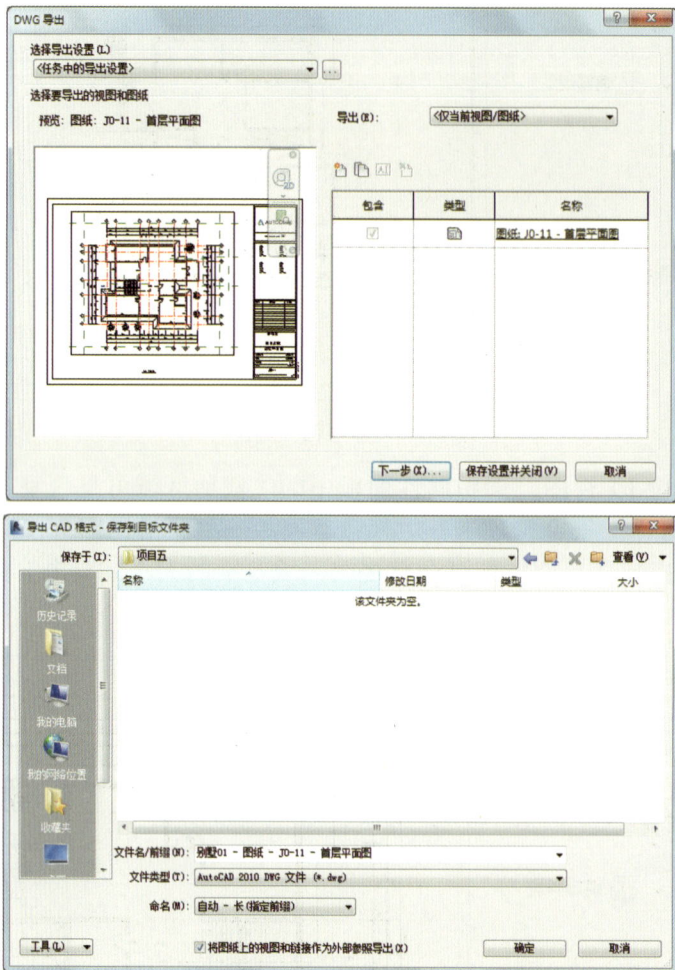

图5.8　导出图纸

任务5.2　创建明细表

明细表以表格形式显示信息，这些信息是从项目中的图元属性中提取的。本任务以门窗统计表为例，介绍明细表的创建方法。

单击"视图"选项卡→"创建"面板→"明细表"下拉按钮，在打开的下拉列表中选择"明细表/数量"命令，在弹出的"新建明细表"对话框中选择"类别"为"窗"，选中"建筑构件明细表"单选按钮，单击"确定"按钮（图5.9），弹出"明细表属性"对话框。

创建明细表

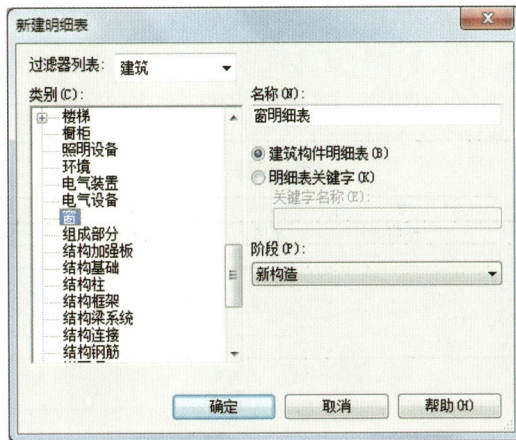

图 5.9　"新建明细表"对话框

在"明细表属性"对话框的"字段"选项卡中分别双击可用的字段"类型""宽度""高度""底高度""合计"等，添加到右侧"明细表字段"列表框中。添加完成后，可以通过"上移""下移"调整字段顺序（图 5.10）。

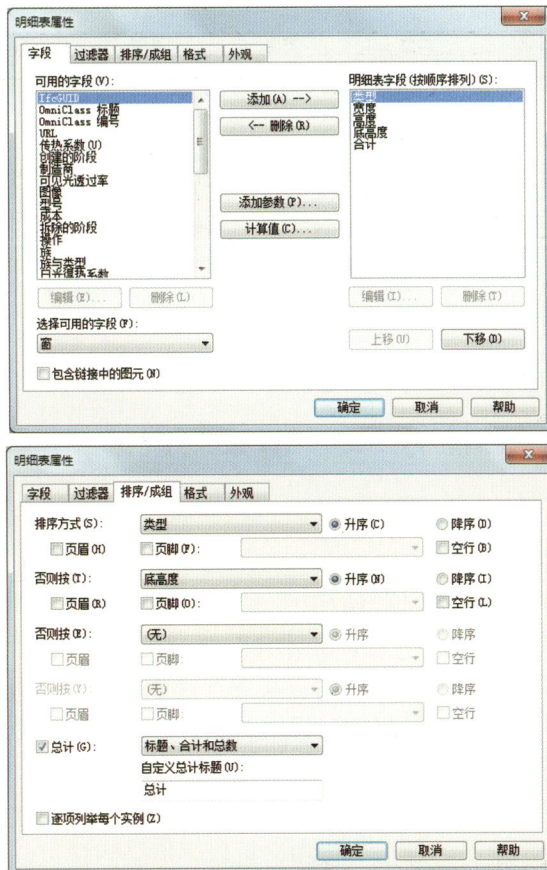

图 5.10　设置明细表属性

设置完成后，选择"排序/成组"选项卡，设置排序方式分别为"类型"（升序）、"底高度"（升序）。选中"总计"复选框，选择"标题、合计和总数"统计总数，如图 5.10 所示，单击"确定"按钮，创建窗明细表，结果如图 5.11 所示。

<窗明细表>				
A	B	C	D	E
类型	宽度	高度	底高度	合计
1500 x 2100 m	1500	2100	-900	2
1500 x 2100 m	1500	2100	900	3
1800 x 2700mm	1800	2700	300	5
3000 x 2700mm	3000	2700	300	4
总计: 14				

图 5.11　窗明细表

如果需要显示每一扇窗的相关信息，可以在"排序/成组"选项卡中选中"逐项列举每个实例"复选框。

同理，可得门明细表（图 5.12）。

<门明细表>				
A	B	C	D	E
类型标记	类型	宽度	高度	合计
M0921	900 x 2100 mm	900	2100	6
M1021	1000 x 2100 m	1000	2100	12
M1621	1600 x 2100mm	1600	2100	1
M1824	1800 x 2400 m	1800	2400	1
MLC2427	2400 x 2700mm	2400	2700	5
JLM3027	3000 x 2700 m	3000	2700	1
YM3621	3600 x 2100mm	3600	2100	1
总计: 27				

图 5.12　门明细表

任务 5.3　渲染与漫游

5.3.1　渲染

打开三维视图，单击"视图"选项卡→"图形"面板→"渲染"按钮，在弹出的"渲染"对话框中，根据计算机性能设置"质量"为"绘图""中""高""最佳"中的一项。在照明方案中选择"室外：仅日光"选项，并可以根据需要进行日光设置。根据情况设置背景样式，完成后单击"渲染"按钮开始渲染，并弹出"渲染进度"对话框。

渲染

单击"渲染"对话框中的"保存到项目中"按钮，可以将渲染的图像保存在项目浏览器的"渲染"分支中。单击"导出"按钮，可以将渲染图像以.jpg格式保存至计算机中。渲染结果如图 5.13 所示。

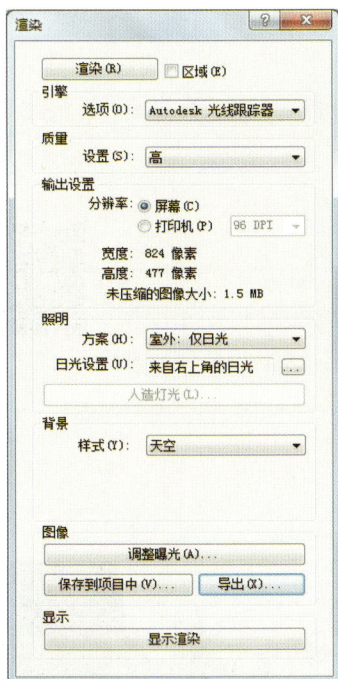

图 5.13　渲染结果

5.3.2　漫游

1．相机

打开"场地"视图，单击"视图"选项卡→"创建"面板→"三维视图"下拉按钮，在弹出的下拉列表中选择"相机"命令。在绘图区域中单击放置相机，并将光标拖拽到目标位置，单击确认（图 5.14）。

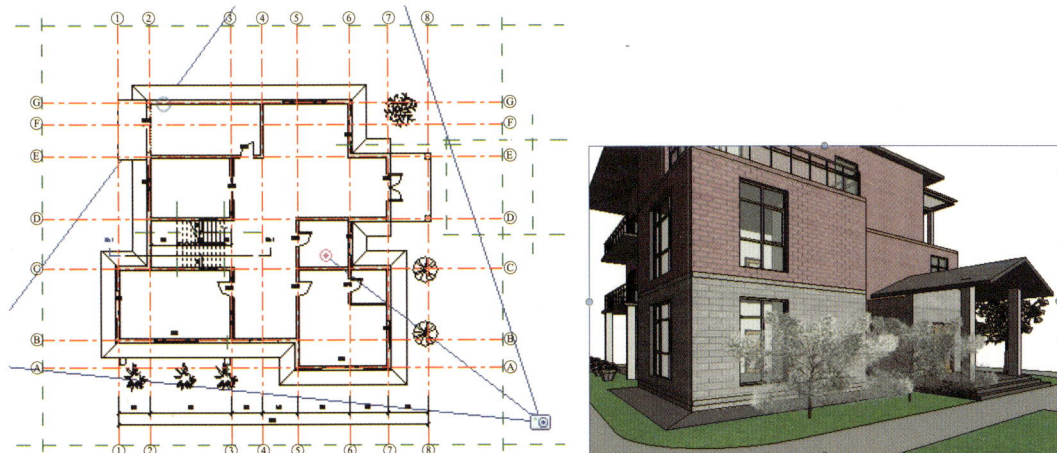

图 5.14　创建相机

打开"三维视图1"，视口各边出现四个蓝色控制点（图5.14），拖拽控制点可以放大视口。

选中相机，可以在属性面板中修改"视点高度""目标高度""远剪裁偏移"等参数，也可以在绘图区域拖拽视点和目标点的位置。

2. 漫游

打开"场地"视图，单击"视图"选项卡→"创建"面板→"三维视图"下拉按钮，在弹出的下拉列表中选择"漫游"命令。将光标移动至绘图区域，单击开始绘制路径，每次单击可创建一个关键帧，最终路径环绕别墅一周（图5.15）。

漫游

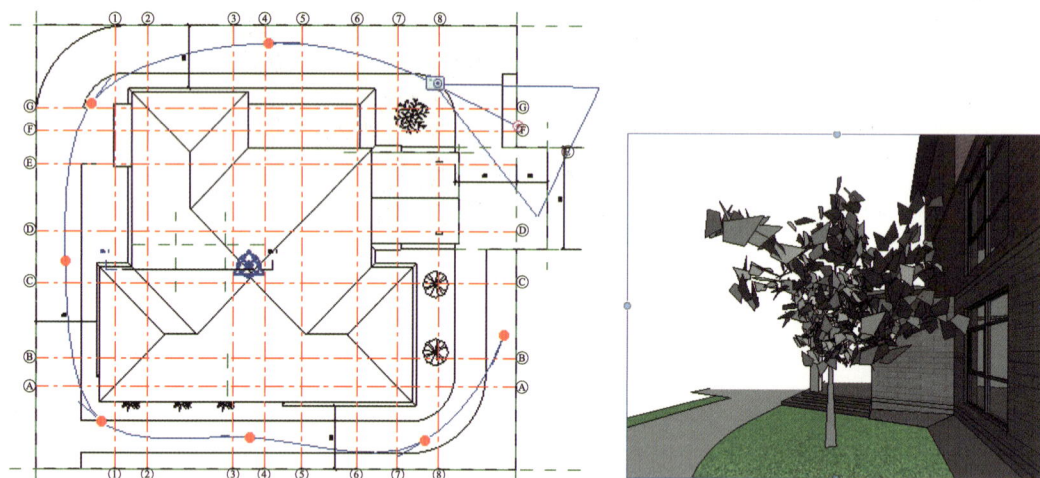

图 5.15　漫游路径与视图

按Esc键退出命令，或单击"修改|漫游"上下文选项卡→"漫游"面板→"完成漫游"按钮，软件自动生成"漫游1"视图。

打开项目浏览器中的"漫游1"视图，单击选择视口边界，单击"修改|相机"上下文选项卡→"编辑漫游"按钮，则可以在"编辑漫游"选项卡中逐个调整关键帧的方向与范围（图5.16）。

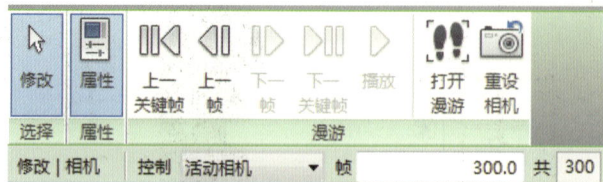

图 5.16　编辑漫游

1）选择"活动相机"作为"控制"，则可以调整每个关键帧相机的目标点位置与远裁剪偏移。

2）选择"路径"作为"控制"，则可以移动关键帧位置。

3）选择"添加关键帧"作为"控制"，则可以沿路径添加关键帧。

4）选择"删除关键帧"作为"控制"，则可以沿路径删除关键帧。

编辑完成后，在"编辑漫游"选项卡中单击"播放"按钮，即可播放漫游。

单击应用程序菜单![icon]，选择"导出"→"图像和动画"→"漫游"命令，弹出"长度/格式"对话框，根据需要进行设置。单击"确定"按钮，设置保存路径及文件类型，输入文件名字，单击"保存"按钮。在弹出的"视频压缩"对话框中单击"确定"按钮（图 5.17），即可将漫游文件导出为 .avi 格式文件。

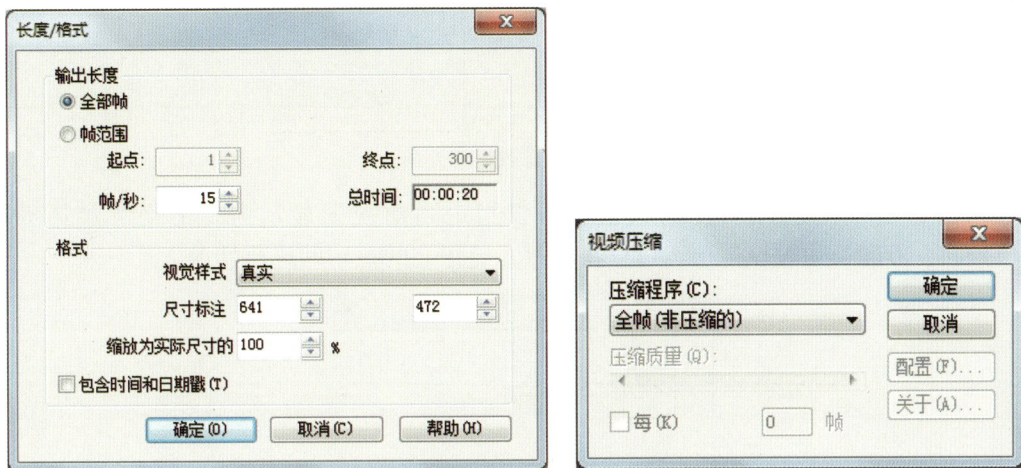

图 5.17　导出漫游

项目拓展

在 Revit 中，项目所在的地理位置、项目朝向、日期与时刻均会影响阴影的状态，因此在 Revit 中进行日光分析时必须先确定项目的地理位置和朝向。这就需要理解 Revit 中关于项目朝向的两个概念：项目北和正北。

1）项目北：当打开 Revit 软件时，将楼层平面视图的顶部默认定义为项目北。反之，视图的底部就是项目南。项目北与建筑物的实际地理方位没有关系，其只是在绘图时的一个视图方位而已。

2）正北：项目的真实地理方位朝向。如果项目的方向正好是正南正北向，那么项目北方向和项目实际的方向就是一致的，即项目北和正北的方向相同；如果项目的地理方位不是正南正北方向，那么项目北的方向和项目本身的正北方向就会有所不同，即项目北和正北存在一个方位角。

在 Revit 中进行日光分析时，是以项目的真实地理位置数据作为基础的，因此通常情况下，需要对 Revit 中的建筑物指定地理方位，即指定项目的"正北"。可以通过"管理"选项卡→"项目位置"面板→"位置"命令对项目进行方向调整（图 5.18）。

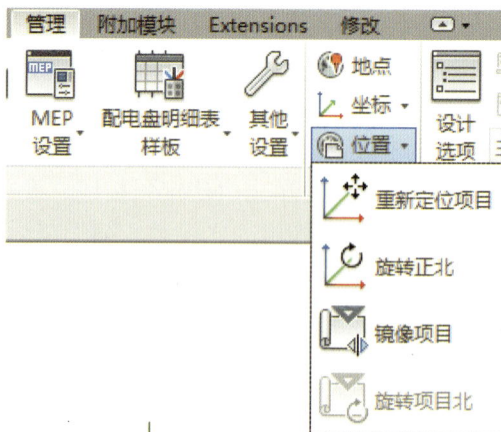

图 5.18　设置正北方向

如图 5.19 所示，在属性面板中，可以指定当前视图显示为"正北"方向还是"项目北"方向。通过该选项，可以在项目北与正北的显示间进行切换。

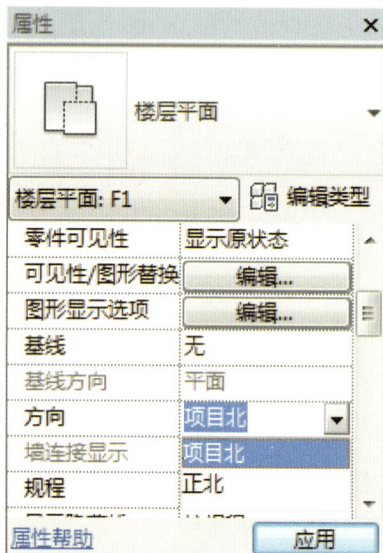

图 5.19　切换方向

习　题

1. 将临时尺寸标注更改为永久尺寸标注的方式是（　　　）。

　A. 单击尺寸标注附近的尺寸标注符号

　B. 双击临时尺寸符号

　C. 锁定

　D. 无法互相更改

2. 将明细表添加到图纸中的正确方法是（　　　）。

　　A. 图纸视图下，在设计栏"基本—明细表 / 数量"中创建明细表后单击放置

　　B. 图纸视图下，在设计栏"视图—明细表 / 数量"中创建明细表后单击放置

　　C. 图纸视图下，在"视图"下拉菜单中"新建—明细表 / 数量"中创建明细表后单击放置

　　D. 图纸视图下，从项目浏览器中将明细表拖曳到图纸中，单击放置

3. 注释命令中不包含（　　　）对象。

　　A. 箭头　　　　　　　　　　　　B. 架空线

　　C. 尺寸标注　　　　　　　　　　D. 载入的标记

4. 关于明细表，以下说法正确的是（　　　）。

　　A. 同一明细表可以添加到同一项目的多个图纸中

　　B. 同一明细表经复制后才可添加到同一项目的多个图纸中

　　C. 同一明细表经重命名后才可添加到同一项目的多个图纸中

　　D. 目前，墙饰条没有明细表

5. 下列视图中，不可以添加详图索引的是（　　　）。

　　A. 楼层平面视图　　　　　　　　B. 剖面视图

　　C. 详图视图　　　　　　　　　　D. 三维视图

　　E. 立面视图

6. 下列不属于 Revit 视觉样式的是（　　　）。

　　A. 真实　　　　　　　　　　　　B. 细线

　　C. 着色　　　　　　　　　　　　D. 隐藏线

7. 下列不属于 Revit 详细程度的是（　　　）。

　　A. 粗略　　　　　　　　　　　　B. 中等

　　C. 高级　　　　　　　　　　　　D. 精细

8. 下列选项中，（　　　）不属于 Revit 提供的尺寸标注类型。

　　A. 径向标注　　　　　　　　　　B. 线性标注

　　C. 对齐标注　　　　　　　　　　D. 对角线标注

9. 以下有关相机设置和修改描述中，最准确的是（　　　）。

　　A. 在平面、立面、三维视图中，用鼠标拖曳相机、目标点、远裁剪控制点，可以调整相机的位置. 高度和目标位置

　　B. 点选项栏"图元属性"，可以修改"视点高度""目标高度"参数值调整相机

　　C. 选择"视图"→"定向"命令，可设置三维视图中相机的位置

　　D. 以上皆正确

10. 以下有关在图纸中修改建筑模型说法中，有误的是（　　　）。

　　A. 选择视口并右击，在弹出的快捷菜单中选择"激活视图"命令，即可在图纸视图中任意修改建筑模型

  B．"激活视图"后，右击，在弹出的快捷菜单中选择"取消激活视图"命令，可以退出编辑状态

  C．"激活视图"编辑模型时，相关视图将更新

  D．可以同时激活多个视图修改建筑模型

  11．为项目二创建的别墅模型创建门窗明细表，均应包含"类型、类型标记、宽度、高度、标高、底高度、合计"字段，按类型和标高进行排序。

  12．为项目二创建的别墅模型设置室内外漫游，展示别墅内外环境效果。

参 考 文 献

Autodesk Inc.，2019．Autodesk Revit MEP 2019（管线综合设计应用）［M］．北京：电子工业出版社．

柏慕联创，陈旭洪，李签，2020．Revit 体量设计应用教程［M］．北京：机械工业出版社．

陈泽世，2019．BIM 建筑建模［M］．哈尔滨：哈尔滨工程大学出版社．

冯涛，2016．基于 Revit 软件的土建算量开发［D］．苏州：苏州大学．

高秀娟，2020．Revit 概念设计环境中空间几何元素的体量族创建［J］．湖北第二师范学院学报，37（8）：12-19.

何铭新，李怀健，2020．土木工程制图［M］．武汉：武汉理工大学出版社．

胡仁喜，刘炳辉，2016．Revit 族设计手册［M］．北京：机械工业出版社．

廊坊市中科建筑产业化创新研究中心，2020．建筑信息模型（BIM）建模技术［M］．北京：高等教育出版社．

刘欣，亓爽，2021．CAD/BIM 技术与应用［M］．北京：北京理工大学出版社．

罗文林，刘刚，2015．基于 BIM 技术的 Revit 族在工程项目中的应用研究［J］．施工技术，44（S1）：761-764.

孙庆霞，刘广文，于庆华，2018．BIM 技术应用实务［M］．北京：北京理工大学出版社．

王晓军，2018．Revit 2018 中文版完全自学一本通［M］．北京：电子工业出版社．

王岩，计凌峰，2019．BIM 建模基础与应用［M］．北京：北京理工大学出版社．

杨新新，耿旭光，王金城，2019．Revit 2019 参数化从入门到精通［M］．北京：机械工业出版社．

叶雯，2016．建筑信息模型［M］．北京：高等教育出版社．

袁志阳，2021．Revit 建筑信息模型 BIM 技术应用［M］．北京：化学工业出版社．

张艺晶，2015．Revit 软件基于项目的二次开发应用研究［D］．石家庄：河北科技大学．

中华人民共和国住房和城乡建设部，2016．建筑信息模型应用统一标准：GB/T 51212—2016［S］．北京：中国建筑工业出版社．

中华人民共和国住房和城乡建设部，2017．建筑信息模型施工应用标准：GB/T 51235—2017［S］．北京：中国建筑工业出版社．

中华人民共和国住房和城乡建设部，2018．建筑信息模型设计交付标准：GB/T 51301—2018［S］．北京：中国建筑工业出版社．